5G时代的网络安全

杨红梅　孟　楠　著

人民邮电出版社

北京

图书在版编目（CIP）数据

5G时代的网络安全 / 杨红梅，孟楠著. -- 北京：
人民邮电出版社，2021.8
ISBN 978-7-115-56735-2

Ⅰ．①5… Ⅱ．①杨… ②孟… Ⅲ．①第五代移动通信
系统－网络安全 Ⅳ．①TN915.08

中国版本图书馆CIP数据核字(2021)第120470号

内 容 提 要

　　本书围绕 5G 时代的网络安全这一主题，系统、深入地介绍了 5G 安全架构及关键技术、5G 安全评测体系，梳理了 5G 安全应用热点领域、标准化及国际关注热点，力求为读者构建一个全方位、多维度的 5G 网络安全全景视图。

　　本书共 10 章，内容涵盖了 5G 网络特征及发展现状、5G 安全框架、5G 安全关键技术、5G 业务安全、5G 网元安全、5G 网络组网安全、5G 安全评测、5G 安全热点领域的现状及发展方向、5G 安全标准化进展、5G 时代安全产业发展以及国际关注焦点。

　　本书内容丰富，既权威、全面，又包含了最新的专业知识。本书作为 5G 时代网络安全的重要学习资料，讲解深入浅出，通俗易懂，且理论与实际相结合。无论是 5G 安全领域的管理人员、开发人员、运维人员，还是对 5G 安全感兴趣的广大学生及普通读者，都会从中受益。

◆ 著　　　　杨红梅　孟　楠

　　责任编辑　傅道坤

　　责任印制　王　郁　焦志炜

◆ 人民邮电出版社出版发行　　北京市丰台区成寿寺路 11 号

　　邮编　100164　电子邮件　315@ptpress.com.cn

　　网址　https://www.ptpress.com.cn

　　三河市君旺印务有限公司印刷

◆ 开本：800×1000　1/16

　　印张：12.75

　　字数：281 千字　　　　　　　　2021 年 8 月第 1 版

　　印数：1 – 2 000 册　　　　　　2021 年 8 月河北第 1 次印刷

定价：69.90 元

读者服务热线：(010)81055410　印装质量热线：(010)81055316
反盗版热线：(010)81055315
广告经营许可证：京东市监广登字 20170147 号

编委会

主任：谢　玮

编委：卢　丹　戴方芳　刘婧璇　李佳曦　段　峰

作者简介

　　杨红梅，中国信息通信研究院安全研究所重要通信研究部副主任，IMT-2020（5G）推进组安全工作组组长，中国通信标准化协会（CCSA）TC5 WG12 副组长，长期从事移动通信核心网、网络安全技术研究。担任 IMT-2020（5G）推进组 5G 试验核心网测试及安全测试负责人；主持编写我国《5G 安全报告》《5G 网络安全需求与架构白皮书》《5G 智慧城市安全需求与架构白皮书》；主持完成多项行业标准，包括 3G、4G 以及 5G 核心网及安全系列标准；负责多项国家科技重大专项；多次获得中国通信标准化协会科学技术奖一等奖及三等奖，中国信息通信研究院标准类、科研及建设开发类优秀项目奖，优秀论文、优秀专利奖；主编专著《演进分组系统（EPS）业务应用技术》，在多种技术杂志上发表移动通信核心网、安全领域专业文章 50 余篇。

　　孟楠，中国信息通信研究院安全研究所网络安全研究部副主任，长期从事电信网和互联网、5G、云计算、区块链等 ICT 领域网络安全技术和标准研究，目前担任 ITU-T 标准编辑人、CJK 区块链安全特别工作组召集人、CCSA TC12 WG3 副组长，国家重点研发计划项目负责人；牵头制定完成多项国际及行业网络安全标准，主持编写发布网络安全产业、IPv6 安全发展、区块链安全、网络安全先进技术系列白皮书和研究报告，曾获得 CCSA 科学技术二等奖等奖项。

前　言

　　以 5G 网络为核心的新一代信息通信网络基础设施，以及正在进行的数字化改造的生产基础设施、社会基础设施等，共同构成了数字世界的关键基础设施。加快 5G 等新型基础设施的建设，既能有效推动技术创新突破，也将助力传统产业转型、升级，支撑现代化经济体系的建设。5G 自 2019 年商用以来，一直备受社会各界的广泛关注。特别是 5G 具有的高速率、低时延、广连接等特点，为移动互联网应用创新提供了出发点，为万物互联时代的到来提供了落脚点，也为经济社会高质量发展提供了发力点。

　　在 5G 新技术、新应用、新业态乘风破浪、蓬勃发展之际，急需 5G 网络安全保驾护航。安全是发展的前提，发展是安全的保障，安全和发展要同步推进，而推进 5G 发展必须坚持统筹安全和发展两件大事。由于 5G 安全问题可能会涉及工业、交通和智慧城市等关乎国家命脉的重要行业领域，一旦安全管理制度、技术手段等不能满足 5G 网络及业务发展需求，将可能影响到国家关键信息基础设施的安全、人民生命财产的安全，甚至影响到国家安全、经济秩序正常运行和社会稳定，所以 5G 网络安全的重要性将超过以往任何一代网络。可以说，5G 时代赋予了网络安全更高的时代使命和战略意义。

　　近年来，美欧日韩等主要国家或地区都将 5G 作为优先发展的战略重点。5G 已成为全球竞争的焦点，在加快 5G 发展的同时，各国都越来越重视 5G 安全问题，有些国家甚至将其上升至国家战略的高度。我国也高度重视 5G 发展及安全问题。2020 年 2 月，在工业和信息化部指导下，中国信息通信研究院和 IMT-2020（5G）推进组联合发布了我国《5G 安全报告》，引导 5G 产业链各环节全面客观地认识 5G 安全问题，并采取科学的思路和措施加以应对，对推动我国 5G 发展与安全具有重要意义。同年 3 月，工业和信息化部发布《工业和信息化部关于推动 5G 加快发展的通知》，全力推进 5G 网络建设、应用推广、技术发展和安全保障的发展。

　　目前，我国 5G 发展在技术标准、产业体系、网络建设方面已经具有领先优势，但同时也面临着一些挑战，比如国际环境复杂严峻、5G 网络新技术新业态导致网络安全和数据安全的风险点增多等。在此关键时期，中国信息通信研究院相关专家组织编写本书，重点从 5G 安全架构、关键技术、业务安全、网元安全、组网安全、安全评测、热点应用领域、标准化进展、安全产业发展以及国际网络安全关注焦点等方面介绍 5G 安全情况，为读者勾勒出一幅全方位、多维度的 5G 网络安全视图。

本书准确把握 5G 网络安全当前发展态势，研判 5G 网络安全关键技术、应用场景、业务、网元、组网、热点领域等方面的风险挑战，总结了相关的安全要求和建议，提出了"5G 安全标准加快凝聚全球统一共识""安全能力建设和业务发展同步推进""构建多元协同的 5G 安全生态圈""持续加强 5G 安全国际合作共赢"的产业发展展望，希望能够与业内人士共享成果，共谋发展，共同推动我国 5G 产业蓬勃发展！

主要内容

全书正文共 10 章，几乎涉及了 5G 安全领域的方方面面，包括总体框架、关键技术、标准进展，也介绍了热点领域、产业发展及国际关注焦点，主要内容如下。

- ❑ **第 1 章，"5G 概述"**，从移动通信网络的发展及演进切入，介绍 5G 网络定义、特征和关键技术，分析世界各国 5G 网络商业化进展，概述 5G 基本知识。

- ❑ **第 2 章，"5G 安全框架"**，首先明确 5G 网络安全的需求和目标，然后分析 5G 网络当前面临的安全风险和挑战，最后构建 5G 网络安全总体框架。

- ❑ **第 3 章，"5G 安全关键技术"**，介绍 5G 安全关键技术，涵盖了 5G 安全密钥及分发机制、安全算法协商、状态转换安全处理、移动性管理安全、双连接安全、互操作安全以及 5G 安全增强技术。

- ❑ **第 4 章，"5G 业务安全"**，介绍了 5G 业务安全，面向三大应用场景（增强型移动宽带场景、超高可靠低时延场景、海量机器类型通信场景），分析其面临的安全威胁，针对典型应用进行风险分析并给出应对方案。

- ❑ **第 5 章，"5G 网元安全"**，重点介绍 5G 网元类型及功能、5G 网元通用安全要求、基站和核心网网元的特定安全功能。

- ❑ **第 6 章，"5G 网络组网安全"**，主要介绍 5G 组网安全，涵盖 5G 网络规划建设阶段、部署运行阶段以及支撑融合应用阶段的安全要求，并提出 5G 网络安全域的划分方法及不同安全域的访问保护机制。

- ❑ **第 7 章，"5G 安全评测"**，重点介绍 5G 安全评测，具体内容包括国际主流网络设备安全认证体系、我国 5G 安全评测对象、目标、方法以及流程，并针对 5G 网络设备详细介绍安全评估能力要求及国际认证体系。

- ❏ **第 8 章,"5G 安全热点领域"**,重点围绕智慧城市、车联网、无人机、智能制造、5G 安全防御智能化等领域展开,分析当前网络安全需求、现状、风险挑战以及发展方向。

- ❏ **第 9 章,"5G 安全标准化进展"**,详细梳理国际、国内 5G 安全标准化的进展情况。

- ❏ **第 10 章,"5G 时代安全产业发展及国际关注焦点"**,分析国际网络安全关注焦点,包括 5G 安全风险评估以及供应链安全等,阐述 5G 网络安全产业现状和发展前景。

资源与支持

本书由异步社区出品，社区（https://www.epubit.com/）为您提供相关资源和后续服务。

提交勘误

作者和编辑尽最大努力来确保书中内容的准确性，但难免会存在疏漏。欢迎您将发现的问题反馈给我们，帮助我们提升图书的质量。

当您发现错误时，请登录异步社区，按书名搜索，进入本书页面，单击"提交勘误"，输入勘误信息，单击"提交"按钮即可。本书的作者和编辑会对您提交的勘误进行审核，确认并接受后，您将获赠异步社区的 100 积分。积分可用于在异步社区兑换优惠券、样书或奖品。

扫码关注本书

扫描下方二维码，您将会在异步社区微信服务号中看到本书信息及相关的服务提示。

与我们联系

如果您对本书有任何疑问或建议，请您发邮件给我们，并请在邮件标题中注明本书书名，以便我们更高效地做出反馈。

如果您有兴趣出版图书、录制教学视频，或者参与图书翻译、技术审校等工作，可以发邮件给我们；有意出版图书的作者也可以向本书的责任编辑在线投稿（邮箱为 fudaokun@ptpress.com.cn）。

如果您来自学校、培训机构或企业，想批量购买本书或异步社区出版的其他图书，也可以发邮件给我们。

如果您在网上发现有针对异步社区出品图书的各种形式的盗版行为，包括对图书全部或部分内容的非授权传播，请您将怀疑有侵权行为的链接发邮件给我们。您的这一举动是对作者权益的保护，也是我们持续为您提供有价值的内容的动力之源。

关于异步社区和异步图书

"异步社区"是人民邮电出版社旗下 IT 专业图书社区，致力于出版精品 IT 图书和相关学习产品，为作译者提供优质出版服务。异步社区创办于 2015 年 8 月，提供大量精品 IT 图书和电子书，以及高品质技术文章和视频课程。更多详情请访问异步社区官网 https://www.epubit.com。

"异步图书"是由异步社区编辑团队策划出版的精品 IT 专业图书的品牌，依托于人民邮电出版社近 30 年的计算机图书出版积累和专业编辑团队，相关图书在封面上印有异步图书的 LOGO。异步图书的出版领域包括软件开发、大数据、AI、测试、前端、网络技术等。

异步社区

微信服务号

目　录

第1章　5G概述

移动通信是指通信双方或至少一方在运动状态中进行信息交换的通信方式。从20世纪60年代第一代移动通信系统（1G）出现以来，已经历了2G、3G、4G的发展阶段。目前，移动通信技术已进入5G时代，2019年也被称为5G商用元年。5G作为新一代移动通信技术发展的主要方向，将与工业、医疗、交通、金融等行业深度融合，为社会和经济的发展注入新动能。

本章将简要介绍移动通信的发展及演进、5G网络的特征及关键技术，以及世界各国5G商业化的进展情况。

1.1　移动通信网络发展及演进

通信是人类社会与生俱来的交流方式，其核心是在发送方和接收方之间完成信息的交换。事实上，人类在很早以前已经开始基于无线通信手段进行通信，例如烽火台就是利用火光和烟雾来传递信息。另外，人们通过"击鼓传信"的接力方式，也可以在短时间内把消息传递到较远的地方。无线电发明之后，人们将无线电作为传递信息的载体，这一创举给人类通信带来了革命性的变化。1897年，意大利人马可尼成功实现了横跨布里斯托尔海湾的无线电通信，标志着人类进入了无线电通信的新时代。

20世纪20年代是现代移动通信的起步阶段，初期采用较低工作频率，重点用于专用系统，即短波专用移动通信系统，如工作于2MHz频段的车载无线电系统。直到20世纪40年代中期到60年代中期，出现了公用汽车电话业务，又经历了人工接续公众移动通信、大区制移动通信系统（支持无线频道的自动选择和控制）两个发展阶段，实现了从专用移动网向公用移动网的过渡。

20 世纪 70 年代中期至 80 年代中期，移动通信进入蓬勃发展时期，第一次实现了真正意义上的随时随地的通信。1976 年，美国摩托罗拉公司的工程师马丁·库珀首先将无线电应用于移动电话。同年，世界无线电大会批准了 800/900MHz 频段用于移动电话的频率分配方案。1978 年底，美国贝尔实验室成功研制出 AMPS（高级移动电话系统），并引入小区制。小区制指的是每个小区建设一个无线基站，不同小区可以重复使用相同的频率，由若干相邻的小区组成网络，形成类似于六边形的蜂窝状网络，如图 1-1 所示。人们基于 AMPS 建成了蜂窝状移动通信网，从而大大提升了频谱利用率和系统容量，解决了公用移动通信系统容量与频率资源之间的矛盾。在此之后，一直到 20 世纪 80 年代中期，其他工业化国家也相继开始建设基于 FDMA（频分多址）技术和模拟调制技术的移动通信系统，例如德国的 C 系统、英国的 TACS（全接入通信系统）、北欧的 NMT（北欧移动电话）等。至此，现代移动通信的序幕正式拉开。

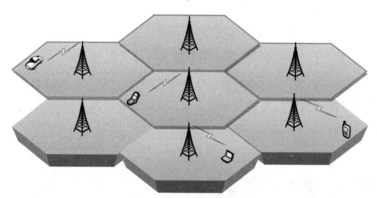

图 1-1 蜂窝状网络示意图

第一代移动通信系统（1G）是以 AMPS 和 TACS 为代表的蜂窝状移动通信网，主要基于模拟信号为移动用户提供语音业务。1G 最终未能实现大规模普及，主要是因为其自身存在一些局限性。例如存在多种制式、未能采用统一标准、不能实现自动漫游、终端设备昂贵，并由于基于模拟技术，业务种类有限而且保密性差、容量有限等，不能满足移动用户迅速增长的需求。1987 年，我国开通了第一代蜂窝状移动网络，并采用了 TACS 制式。当时的技术和产品主要依赖进口，我国 1G 网络于 2001 年关闭。

第二代移动通信系统（2G）采用数字蜂窝移动通信技术，除提供高质量语音业务外，还能支持短消息业务以及 100kbit/s 量级的低速数据业务。同时，2G 频谱利用率高，大大提高了系统容量以及通信传输的保密性。20 世纪 80 年代中期，欧洲推出了基于数字的时分多址（TDMA）技术的 GSM（全球移动通信系统）技术体制。该技术体制基于欧洲共同体制定了统一标准，在全球 200 多个国家得到了广泛应用，并实现了国际漫游。北美推出了码分多址

（CDMA）制式，采用码分多址技术，并在北美、亚洲等地得到广泛应用。1994 年，我国开通了 2G 网络，采用 GSM 技术体制。2001 年，中国联通开通 CDMA 网络。2G 时代，我国移动通信设备主要靠进口，国产设备产业开始起步，逐渐形成电信、移动、联通三大运营商的格局。

第三代移动通信系统（3G）采用支持高速数据传输的数字蜂窝移动通信技术，除了提供语音、短消息通信服务，还支持高速移动宽带多媒体等数据业务，如可变速率数据、移动视频、高清晰图像、流媒体业务等。3G 移动通信系统可提供无线接入 Internet 业务，同时提供比 2G 更大的容量、更高的通信质量，而且在全球范围内实现无缝漫游。

1996 年，国际电信联盟（ITU）将 3G 命名为 IMT-2000（国际移动通信-2000）。2000 年 5 月，ITU 正式批准通过了包含 WCDMA（宽带码分多址）、TD-SCDMA（时分同步码分多址）、CDMA2000 在内的 3G 国际标准。WCDMA 基于 GSM 演进而来，具有先天的市场优势，占据全球 80%以上的市场份额。CDMA2000 由窄带 CDMA 技术发展而来，在日本、韩国、中国和北美得到了应用。TD-SCDMA 由中国提出，采用时分双工模式，由中国移动建设和运营，实现了规模性商用。

与 1G、2G 相比，3G 移动通信系统的目标是：在世界范围内确保设计的高度一致性；与固定网络中的各种业务相互兼容；能提供多种类型、高质量的移动多媒体业务；具有全球漫游能力；支持全球范围内使用的终端等。3G 移动通信系统同时要求在高速移动环境中支持 144kbit/s 的数据传输速率，在步行慢速移动环境中支持 384kbit/s 的数据传输速率，以及在室内环境中支持 2Mbit/s 的数据传输速率。2009 年 1 月，我国工业和信息化部（以下简称工信部）为中国移动、中国电信和中国联通发放 3 张 3G 牌照，标志着中国进入 3G 时代。

第四代移动通信系统（4G）支持语音业务、宽带数据业务，相比 3G，可提供更高的业务性能指标，如峰值传输速率 1Gbit/s、空口时延 20ms 等。4G 采用了 LTE（长期演进）/LTE-Advanced 新一代宽带无线移动通信技术，基于 OFDM（正交频分多址）和 MIMO（多输入多输出）技术，在移动通信空中接口采用优化的分组数据传输。4G 采用"扁平网络架构"设计理念，引入了"快速自适应分组调度"和"灵活可变的系统带宽"等新技术，实现了无线资源高效利用，具有远远优于 3G 的系统和业务性能。4G 时代，移动互联网业务得到迅猛发展，在很大程度上改变了人们的生活。

为了满足人们对高速率数据业务、多媒体业务等的新需求，增强 3G 技术的竞争力，国际标准化组织 3GPP（第三代合作伙伴计划）于 2004 年底启动了 3G 技术 LTE 技术标准的研制。2006 年，TD-SCDMA 标准与 LTE 国际主流标准融合并形成了 TD-LTE 标准，后来，包含 FDD（频分双工）和 TDD（时分双工）方式的 LTE/LTE-Advanced 技术逐步完善，形成了 4G 国际标准。

　　工信部牵头成立了 TD-LTE 工作组，组织产、学、研、用相关单位共同开展概念验证、研发技术实验以及规模实验，推动 TD-LTE 的研发和产业化。2013 年 12 月，我国发放 4G 牌照，标志着中国进入 4G 时代。

　　第五代移动通信系统（5G）除支持 4G 的通信业务、移动互联网业务外，还可以支持虚拟现实（VR）、增强现实（AR）、超高清视频等，发挥其网络超高速率、超低时延的优势，为用户带来更好的应用体验；另外，从穿戴设备、智能家居，到智慧城市的基础设施都可以接入 5G 网络，实现万物互联，从而满足各种移动互联网和物联网场景的多样化和极致业务需求。

　　5G 在无线和网络方面都引入了新的技术。其中，在无线技术方面，为了支持三大应用场景，5G 采用了灵活的系统设计、新波形等技术方案；为了支持高速率传输和更优覆盖，5G 采用 LDPC（低密度奇偶校验码）、Polar 新型信道编码方案、性能更强的大规模天线技术等；为了体现低时延、高可靠的特性，5G 采用短帧、快速反馈、多层/多点数据重传等技术。在网络技术方面，5G 采用全新服务化网络架构，可以针对不同业务场景快速开发定制化的网络业务，实现网络切片和边缘计算等。

　　2018 年底，美国和韩国运营商宣布了 5G 商用计划，在部分城市和地区部署 5G 网络，其中美国主要采用高频技术，提供 5G 固定无线接入服务，替代光纤入户；其他主要国家也陆续发布 5G 商用计划。据 GSMA（全球移动通信系统协会）统计，目前全球已有 70 多家运营商宣布了 5G 商用计划，2019 年有 10 多个国家正式进入 5G 商用时代，并为第一批 5G 智能手机提供移动服务；2020 年底前有 50 多个国家推出 5G 商用业务，5G 终端更加多样，5G 业务更加丰富多彩。2019 年 6 月，我国发放 5G 牌照，标志着我国正式进入 5G 时代。

1.2　5G 网络定义及特征

1.2.1　5G 网络定义

　　第五代移动通信系统（5G）采用最新一代蜂窝移动通信技术，也是 2G（GSM）、3G（UMTS、LTE）和 4G（LTE-A、WiMax）系统技术的延伸。5G 将提供至少 10 倍的峰值速率、毫秒级的传输时延和每平方千米百万级的连接能力。

　　5G 网络与 4G 网络相比，整体架构延续 4G 网络的特点，仍然分为接入层、核心网层和应用层。其中，5G 接入网采用了先进的新型无线技术，核心网层有了突破性改进，采用服务化架构。同时，5G 比 4G 支持更多样化的业务场景，具备更高的性能指标，提供更强、更灵活的通信安全能力。另外，5G 网络新架构新技术在满足多样化业务需求的同时，融合了网络功能虚拟化、网络能力开放等新技术特性，打破了传统电信网络的封闭性，同时也为网络和业务带来了新的安全风险与挑战。

5G 将全面构筑经济社会发展的关键信息基础设施，驱动传统领域的数字化、网络化和智能化升级。5G 业务从移动互联网扩展到物联网领域，服务对象从人与人拓展到人与物、物与物，将与经济社会各领域深度融合，不仅会改变人们的生产生活方式，还将进一步改变社会结构。

1.2.2 5G 典型应用场景

2015 年，ITU 发布了《IMT 愿景：5G 架构和总体目标》，定义了三大应用场景以及八大关键性能指标，如图 1-2 所示。其中三大应用场景是指增强型移动宽带（eMBB）、超可靠低时延通信（uRLLC）和海量机器类型通信（mMTC）。eMBB 场景主要面向语音、超高清视频、云办公和游戏、增强现实等移动互联网业务，为用户提供更流畅、更清晰的用户体验；uRLLC 主要满足工业自动化、高可靠应用（如移动医疗、智能电网）、自动驾驶等对时延和可靠性具有极高要求的垂直行业应用需求；mMTC 主要满足物联网业务如智慧城市、智能家居、环境监测等以传感和数据采集为目标的应用需求。5G 三大应用场景将全面支撑新模式、新业态的创新发展。

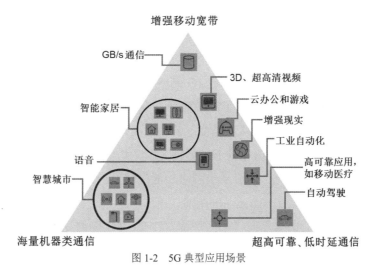

图 1-2　5G 典型应用场景

在 eMBB 场景方面，需要重点满足连续广域覆盖和热点高容量两大需求。连续广域覆盖可以为用户提供无缝高速业务体验，能随时随地提供 100Mbit/s 以上的体验速率，确保在小区边缘、高速移动等恶劣环境下接入的连续性。热点高容量能满足局部热点地区的极高数据传输速率以及极高流量密度需求，也能满足 1Gbit/s 的用户体验速率和每平方千米几十 Tbit/s 的流量密度需求。在 uRLLC 场景方面，需要重点满足车联网、智能电网和工业控制等垂直行业的专用需求，为用户提供毫秒级的端到端传输时延和接近 100% 的超高可靠性保证。在 mMTC 场景（比如智慧城市、环境监测、智能农业等以传感和控制为目标的应用场景）方面，主要达到海量用户连接要求，并满足超低的终端功耗和成本需求。

1.2.3 5G 网络主要特征

4G 除了为移动用户提供与之前一样的语音、短消息业务之外，还可提供丰富的移动互联网类业务。不过，相对于 4G 而言，5G 的特征和优势更加明显，包括支持的应用场景更加多样，性能指标大幅提升，网络架构显著革新，同时通信安全能力进一步增强。

在应用场景方面，5G 网络可同时支持不同的应用场景，它通过切片技术和虚拟化技术来满足不同应用场景的性能要求。5G 网络一方面可为用户提供广覆盖、高容量的业务保障，另一方面也可以应用在物联网及其他垂直行业（比如工业、医疗、交通等）中，满足这些行业中特定或多样化的业务需求。

在性能指标方面，不同于 4G 网络单纯强调峰值速率，5G 网络定义了八大关键性能指标，包括用户体验速率、流量密度、峰值速率、连接数密度、空口时延、移动性、频谱效率、能量效率，其中峰值速率、空口时延和连接数密度是 5G 网络最受关注的 3 个指标。与 4G 网络相比，5G 网络用户峰值速率可达 1Gbit/s，是 4G 网络的 10 倍～20 倍；空口时延低至 1ms，是 4G 网络的 1/20；连接数密度达到 100 万个连接/平方千米，在同等频谱资源条件下达到 4G 网络的 50 倍以上，并支持在 500km/h 移动速度下的移动用户业务。

在网络架构方面，5G 网络架构有以下显著特征。

- ❑ 网络架构由"基于网元"向"基于网络功能"转变：5G 网络采用服务化架构，通过网络功能的动态部署实现核心网的控制功能。
- ❑ 核心网由"省中心部署"向"大区部署"转变：5G 网络充分利用云化技术，核心网呈现集中化部署，同时为多个省份提供服务，呈现出大区化的特点。

- 数据控制和数据流量由"核心网"向"边缘"转变：为了支持低时延的业务场景，5G 网络采用移动边缘计算等技术，核心网控制功能下沉至网络边缘（例如基站侧），用户通信数据在网络边缘转发终结。

- 网络功能由"单一"向"定制化"转变：5G 基于网络切片技术，可为行业应用提供定制化的网络功能和服务。

在通信安全能力方面，5G 网络具有以下 4 个特征。

（1）统一认证框架。

由于 5G 应用场景的多元化，5G 网络需要支持多种接入技术，如 WLAN（无线局域网络）、LTE、固定网络、5G 新无线接入技术。而不同的接入技术有不同的安全需求和接入认证机制；另外，一个用户可能持有多个终端，而一个终端可能同时支持多种接入方式。同一个终端在不同接入方式之间进行切换时或用户在使用不同终端进行同一个业务时，要求能够进行快速认证以保持业务的延续性，从而获得更好的用户体验。因此，5G 网络采用统一的认证框架来融合不同的接入认证方式，并优化现有的安全认证协议（如安全上下文的传输、密钥更新管理等），以提高终端在异构网络间进行切换时的安全认证效率，同时还能确保同一业务在更换终端或更换接入方式时连续的业务安全保护。

（2）差异化身份管理机制以及匿名化技术。

在 5G 应用场景中，有些终端设备能力强，配有 SIM（用户识别模块）/USIM（通用用户识别模块）卡，并具有一定的计算和存储能力。有些终端设备没有 SIM/USIM 卡，其身份标识可能是 IP 地址、MAC（媒体访问控制）地址、数字证书等。而有些能力弱的终端设备，甚至没有特定的硬件来存储身份标识及认证凭证。为了向用户提供多样化的隐私保护能力，5G 网络采用差异化的身份管理系统，同时支持多种不同的认证方式、不同的身份标识及认证凭证，并采用匿名化技术增强了用户身份标识的隐私保护。

（3）更加灵活的安全机制。

为了提高系统的灵活性和运行效率，并降低成本，5G 网络架构引入了网络功能虚拟化（NFV）技术。通过 NFV 技术可以实现软件与硬件的解耦，使得部分功能网元以虚拟功能网元的形式部署在云化的基础设施上；网络功能由软件实现，不再依赖专有通信硬件平台。这种情况下，5G 网络采用全生命周期安全加固技术以保障 5G 业务在 NFV 环境下的安全运行。

另外，为了更好地支持三大应用场景，5G 网络将通过建立网络切片，为不同业务提供差异化的安全服务，并根据业务需求针对切片定制其安全保护机制，实现客户化的安全分级服务。

5G 网络中采用多层次的切片安全机制，保障 UE 与切片间安全、切片内 NF（网络功能）与切片外 NF 间安全，以及切片内 NF 间安全。

在低时延业务场景下，5G 核心网将采用移动边缘计算（MEC）技术将控制功能部署在接入网边缘或者与基站融合部署，数据网关和业务使能设备也会根据业务需要在全网中灵活部署。随着核心网功能下沉到接入网，5G 网络提供的安全保障能力也将随之下沉，从而保障 MEC 业务的安全运行。

另外，5G 网络的能力开放功能可以部署于网络控制功能之上，以便网络服务和管理功能向第三方开放。5G 网络安全将在核心网与外部第三方网元以及核心网内部网元之间提供更高、更灵活的安全能力，实现业务签约、发布，并且使得每个用户、每个服务都有安全通道。

（4）按需的安全保护。

5G 网络支持多种业务并行发展，以满足个人用户、行业客户的多样性需求，例如，远程医疗需要高可靠性的安全保护，而部分物联网业务只需要轻量级的安全解决方案（算法或安全协议）来进行安全保护。另外，针对不同业务有不同的时延要求，不同的终端设备有不同的生命周期要求，5G 将通过支持用户面（User Plane，UP）的按需安全保护，来满足差异化的安全需求。

1.2.4　5G 关键性能指标

与 4G 网络相比，5G 应用场景由传统的增强移动宽带扩展到物联网场景，应用场景更加丰富。为了适应多样化的 5G 场景及业务需求，ITU 定义了八大关键性能指标，即用户体验速率、峰值速率、流量密度、连接数密度、时延、移动性、频谱效率和网络能量效率（见图 1-3）。其中，用户体验速率达 100Mbit/s～1Gbit/s，支持高清视频直播、车联网等极致业务体验；峰值速率可达 10Gbit/s～20Gbit/s；流量密度（流量密度是单位面积内的总流量数，用于衡量移动网络在一定区域范围内的数据传输能力）可达每平方米 10Mbit/s，可以支持移动业务流量的指数级增长；为了满足 5G 时代海量物联网设备的连接需求，连接数密度达 100 万个/平方千米；5G 传输时延低至毫秒级，可以适应车联网和工业控制场景对超低时延的严苛要求。另外，ITU 还提出了让 5G 网络支持 500km/h 移动速度的指标，使得人们在高铁环境下也能获得良好的用户体验。最后，为了进一步有效利用频谱和能源，ITU 规定的性能指标要求 5G 网络的频谱效率比 4G 网络提高 3～5 倍，能效提升 100 倍。

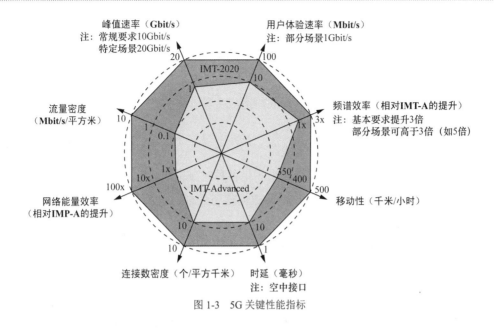

图 1-3 5G 关键性能指标

1.3 5G 网络关键技术

在 5G 时代，应用场景更加丰富。5G 网络除了需要满足传统移动互联网场景的业务需求，还要拓展到物联网、车联网等垂直行业领域，满足这些特定行业领域的需求。为此，5G 网络采用了与 4G 网络不同的设计理念，在无线传输技术和网络安全技术方面分别引入了新的关键技术。

1.3.1 5G 无线传输技术

5G 新空口（NR）具有高带宽、低时延、灵活配置的特点，可满足多种业务需求，而且易于扩展支持新业务。5G 系统的无线网络架构继承了 4G LTE 架构的特点，仍然采用三层两面的设计。其中，三层指的是物理层（L1）、数据链路层（L2）和网络层（L3），两面指的是控制面和用户面。

1. 物理层和底层协议

5G 新空口采用 OFDM（正交频分多址）与 MIMO（多输入多输出）技术相结合的设计思路，将 OFDM 作为上行和下行基础多址方案，并对上行覆盖进行了增强设计。在 MIMO 方面，5G 系统充分考虑了在不同条件下的覆盖、移动与高速率数据传输的融合，支持不同的 MIMO

传输技术，同时采用接入、控制与数据一体化的设计。

新空口支持更高带宽。与 LTE 最大 20 MHz 的基础带宽相比，5G 网络能更有效地利用频谱资源，支持增强移动宽带业务。5G 新空口采用部分带宽设计，灵活支持多种终端带宽，从而支持非连续载波，使得终端功耗得以降低，适应多种业务需求。

另外，新空口还采用了以下关键技术。

- ❑ 灵活参数集：满足多样带宽需求。
- ❑ 灵活帧结构：定义大量时隙格式来满足各种时延需求。
- ❑ LPDC（低密度奇偶校验码）：提升数据信道性能，支持更大数据分组的有效传输和接收。
- ❑ 极化码 Polar：提升控制信道性能。
- ❑ 基于波束的系统设计：支持模拟和数字的混合波束成形，提供更灵活的网络部署手段。
- ❑ 更多导频格式：支持更多天线阵列模式和部署场景。
- ❑ 传输资源和传输时间的灵活可配：支持多种资源块粒度，如基于时隙、部分时隙、多个时隙的粒度，以满足不同业务需求；支持可配置的新数据分组传输和重传时序，在满足灵活帧结构的同时，满足低时延需求。

在高可靠性方面，5G 网络采用更高聚合等级的控制信道，定义专门的信道质量指示（CQI）等级，采用更小的控制信息负载和业务信道重复传输机制。另外，分组数据汇聚协议（PDCP）层支持数据分集传输、多点传输等方案，以实现在低时延下的高可靠性。

2. 高层协议

5G 新空口高层协议分为控制面和用户面两部分。

对于控制面来讲，在继承 LTE 设计的基础上，5G 新空口新增了 RRC_ INACTIVE 状态。在该状态下，终端、基站和核心网部分保留 RRC（无线资源控制）和 NAS（非接入层）上下文，以便快速进入 CONNECTED 状态，这可以在省电的同时降低连接时延，减少信令开销和功耗。在 LTE 和 5G 新空口双连接架构中，为了提升手机接收 RRC 信息的成功率，5G 新空口的 RRC 协议中新增了 RRC 分集模式，即辅小区复制主小区的 RRC 信息，并通过主小区和辅小区同时向终端发送 RRC 信息。此外，相较于 LTE 仅支持广播方式发送系统信息，5G 新空口系统信息可以基于请求和广播两种方式来发送系统信息，从而降低了网络广播开销，并提升了系统前向兼容性，扩展了资源承载类型。

对于用户面来讲，5G 新空口增强了协议栈功能和性能。为了提升接入网的组网灵活度，

5G 新空口支持 6 种承载类型；为了保障端到端 QoS（服务质量），5G 新空口新增 SDAP（业务数据适配协议）层，用于执行 IP 流和无线承载间的映射。

此外，5G 新空口提供更灵活的接入网架构。除支持与 LTE 相同的接入网架构外，5G 网络还支持中心单元/分布单元（CU/DU）分离的接入网架构，其中 CU 用于集中控制，DU 用于灵活部署。

1.3.2 5G 核心网技术

为了支持差异化的 5G 应用场景，5G 网络采用全新的基于服务的架构（SBA）。图 1-4(a) 所示为基于服务的核心网架构，图 1-4(b)所示为基于参考点的系统架构，该架构注重描述实现系统功能时网络功能间的交互关系。

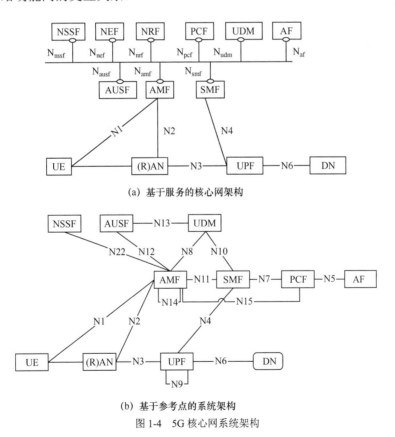

(a) 基于服务的核心网架构

(b) 基于参考点的系统架构

图 1-4 5G 核心网系统架构

5G 的新型核心网通常基于统一基础设施平台进行云化部署，实现硬件平台通用化、软件功能模块化。通过进一步实现控制和转发分离，并改变单一管道和固化的服务模式，新型核心网架构重构了业务流程。此外，新型核心网架构还可利用友好、开放的基础设施环境，并结合服务化架构、网络切片、边缘计算、5G 网络能力开放等技术，为不同用户和垂直行业提供定制化的网络服务，而且还可以为不同用户和垂直行业构建资源全共享、功能易编排、业务紧耦合的综合信息化服务使能平台。

在 5G 时代，新业务的需求和网络功能虚拟化（NFV）等新技术的发展推动 5G 采用全新的 SBA。这种架构模式采用模块化、可复用性和自包含的原则来构建网络功能，它将传统网络功能分解为一组服务，其中每个服务都可以独立地被发现和调用，使得运营商在部署网络时能够灵活地更新网络的任一服务组件，或根据具体业务需求将不同的服务组件构建成特定网络切片。

借助于网络切片技术，网络运营商能够在统一的基础设施上部署多个独立的差异化网络，即在一个物理网络上切分出多个逻辑网络，这相当于为每一个服务搭建一个专用网络，可以满足垂直行业的多元化需求。网络切片的主要特征是资源可伸缩、功能可定制、网络拓扑可动态设置、网络架构和功能可重置。

移动边缘计算（MEC）是 5G 网络面向应用的核心创新技术之一，也是 5G 网络的代表性能力之一，它的本质是在网络边缘、靠近用户的位置上，提供 IT（信息技术）服务、环境和云计算的能力。MEC 可改变 4G 系统中网络与业务分离的状态，将业务平台下沉到网络边缘，为移动用户就近提供业务计算和数据缓存的能力，实现网络从接入管道向信息化服务使能平台的关键跨越。MEC 的主要特点是支持低时延、高带宽以及无线网络信息开放（用户位置、接入状态等）。运营商可以基于 MEC 技术将 5G 的应用服务和内容部署在分布式环境中，将业务分流到本地进行处理，从而提升网络数据处理效率，满足终端用户的极致体验，同时满足垂直行业对网络低时延、大流量以及安全等方面的诉求。

5G 网络能力开放指的是通过服务化的架构，直接向外部应用提供网络服务，或者通过能力开放平台来提供相应的网络服务。所提供的服务中，包括及时和准确的用户状态信息、定制化的网络功能参数、基于动态 DPI（深度包检测）的灵活 QoS 策略、个性化切片以及流量路径管理等。5G 网络能力开放可以更加精细化和智能化地满足多样化应用对网络服务的要求。

1.3.3　5G 安全技术

5G 网络安全架构可满足 5G 多样化业务场景和新技术、新特征引入的安全需求和挑战。5G 网络安全架构的设计原则包括支持数据安全保护、体现统一认证框架和业务认证、满足能力开放安全需求，以及支持服务化架构的安全和应用安全保护机制。

5G 网络继承了 4G 网络分层分域的安全架构。在 3GPP 宣布的 5G 安全标准《5G 系统的安全架构和过程协议》中规定：在安全分层方面，5G 与 4G 完全一样，分为传送层、归属层/服务层和应用层，各层间相互隔离；在安全分域方面，5G 安全框架分为接入域安全、网络域安全、用户域安全、应用域安全、SBA 域安全、可视化和配置安全 6 个域，如图 1-5 所示。

- 接入域安全（I）：该安全功能集可以确保 UE 通过网络（3GPP 接入网和非 3GPP 接入网）安全的认证并接入业务，防御针对无线接口的攻击。另外，该安全功能集还包括从服务网络向 UE 传递用于保障接入安全的安全上下文。
- 网络域安全（II）：该安全功能集用来确保在网络节点之间安全地交换信令数据和用户面数据。
- 用户域安全（III）：该安全功能集用来确保用户安全地接入移动设备。
- 应用域安全（IV）：该安全功能集用来确保用户域的应用可以与业务提供商之间安全地交互信息。
- SBA 域安全（V）：该安全功能集用来确保 SBA 架构中的网络功能能够安全地在服务网络域内进行通信以及在网络服务域内与其他网络域安全地通信，包括网络功能注册、发现和授权，同时还需要保护基于服务的接口。
- 可视化和配置安全（VI）：该安全功能集用来通知用户安全功能是否运行，这些安全特性是否可以保障业务的安全使用和提供。

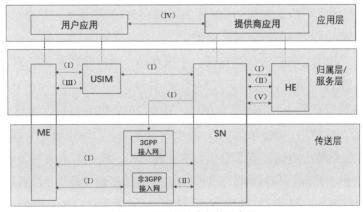

图 1-5　5G 网络安全架构示意图

与 4G 网络安全架构相比，5G 网络安全架构的主要变化是增加了 SBA 域安全，其他部分基本一致。

1.4　世界各国 5G 网络商业化进展

3GPP 制定的 5G 系列标准满足 ITU IMT-2020 的全部需求，其中第一个版本（R15）为 5G 基础版本，重点支持增强移动宽带业务和基础的低时延、高可靠业务，第二个版本（R16）为 5G 增强版本，将支持物联网业务等更多类型的业务。2018 年 6 月，3GPP 发布了第一版 5G 独立组网标准：5G 基站直接连接 5G 核心网。该版标准支持增强移动宽带和基础的低时延、高可靠业务，基于全服务化架构的 5G 核心网，5G 系统能够提供网络切片、边缘计算等新业务能力。随着 5G 国际标准第一版的发布，全球 5G 发展进入商用部署的关键时期，各主要国家纷纷明确 5G 商用计划，积极推进 5G 频谱规划与分配，努力探索 5G 试验和融合应用，加快推进 5G 产业化和商用进程。

早在 2018 年，部分运营商就宣称可以提供 5G 商用服务。2018 年 10 月，美国 Verizon 在休斯顿等 4 个城市推出了固定 5G 业务。同年 12 月 1 日，韩国 SKT、KT 和 LG U+同时宣布推出面向企业用户的 5G 业务，为首尔及周边大城市中的企业客户提供 5G 连接，实现高清图像传输、远程控制机器等功能。随后，美国 AT&T 宣布在亚特兰大、休斯顿等 12 个城市推出移动 5G，向部分用户提供移动接入服务。

2019 年被称为 5G 商用元年，全球多个国家相继启动 5G 商用服务。韩国 3 家移动运营商于 2019 年 4 月 3 日推出面向消费者的移动 5G 服务，瑞士 Sunrise 从 4 月底开始在 150 个市镇、村庄推出 5G 服务；英国最大通信运营商 EE（已归属 BT 旗下）5 月在伦敦等地推出 5G 商用服务；6 月沃达丰集团先后在意大利、西班牙两国启动 5G 商用服务，并表示将在 2019 年夏天成为世界上第一家提供 5G 漫游服务的运营商。

2018 年 12 月，我国工信部向中国电信、中国移动、中国联通发放了 5G 系统中低频段试验频率使用许可。2019 年 6 月，我国正式发放 5G 牌照。

据中国信通院数据研究中心的不完全统计，截至 2019 年 6 月底，全球共有 19 个国家的 30 家运营商实现了 5G 商用。欧洲的瑞士、意大利、英国、西班牙等 9 个国家的 11 家运营商实现了 5G 商用，包括瑞士电信、英国电信、意大利电信、沃达丰意大利公司和沃达丰西班牙公司等。中东地区的卡塔尔、科威特等 5 个国家的 7 家运营商实现了 5G 商用。美国四大移动运营商均实现了 5G 商用。全球 5G 商用速度加快，2019 年 6 月一个月时间内共有 7 个国家的 10 家运营商推出了 5G 商用服务。

从全球整体情况来看，5G 商用仍处于初期阶段，部分已实现 5G 商用的国家/地区/运营商见表 1-1。商用初期，运营商均采用非独立组网（NSA）模式，主要提供固定无线接入和移动宽带接入服务。在商用 5G 的国家中，目前仅韩国公开了其 5G 发展数据，截至 2019 年 6 月 10 日，韩国 5G 用户数突破 100 万；商用的第一个月，韩国 5G 的户均流量（DOU）达到 22.4GB/月，是 4G 用户的 2.68 倍。从业务资费来看，运营商的 5G 业务套餐包含的流量多数在 100GB 以上，而 5G 流量的资费定价基本上是在 4G 业务套餐的基础上，采用提速不提价或少提价的原则，以使用户从 4G 平滑过渡到 5G，降低适应成本。

表 1-1　　　　　　　　　　部分已实现 5G 商用的国家/地区/运营商

所属地区	国家	运营商	商用时间	提供业务
成熟亚太地区	韩国	SKT	2018 年 12 月/2019 年 4 月	固定无线接入/移动接入
		KT	2018 年 12 月/2019 年 4 月	固定无线接入/移动接入
		LG U+	2018 年 12 月/2019 年 4 月	固定无线接入/移动接入
北美洲	美国	Verizon	2018 年 10 月/2019 年 4 月	固定无线接入/移动接入
		AT&T	2018 年 12 月	固定无线接入/移动接入
		Sprint	2019 年 5 月	固定无线接入/移动接入
		T-Mobile	2019 年 6 月	移动接入
欧洲	瑞典	Telia Sonera	2019 年 3 月	固定无线接入
	瑞士	Sunrise	2019 年 4 月	固定无线接入/移动接入
		Swisscom	2019 年 4 月	固定无线接入/移动接入
	英国	EE（BT）	2019 年 5 月	固定无线接入/移动接入
	意大利	沃达丰	2019 年 6 月	固定无线接入/移动接入
		TIM	2019 年 6 月	移动接入
	西班牙	沃达丰	2019 年 6 月	固定无线接入/移动接入
	爱沙尼亚	Elisa	2019 年 1 月	固定无线接入
大洋洲	澳大利亚	Telstra	2018 年 8 月/2019 年 5 月	固定无线接入/移动接入
		Optus	2019 年 2 月	固定无线接入
新兴亚太地区	菲律宾	Global	2019 年 6 月	固定无线接入
中东及非洲地区	南非	Rain	2019 年 2 月	固定无线接入
	沙特阿拉伯	STC	2019 年 6 月	移动接入
	阿联酋	Etisalat	2019 年 5 月	移动接入
	科威特	Zain	2019 年 6 月	固定无线接入
		Viva	2019 年 6 月	固定无线接入
		Ooredoo	2019 年 6 月	移动接入

（数据来源：中国信息通信研究院）

第 2 章   5G 安全框架

2.1   网络安全概述

自网络诞生之初，安全就成为网络平稳运行、业务顺利开展过程中难以回避的关键问题。历史上，广为认知的第一起网络安全事件发生于 1988 年。当时年仅 20 岁的康奈尔大学研究生罗伯特·莫里斯出于对互联网规模的好奇，编写了一个可快速传播、自我复制的计算机程序。该程序一经运行便迅速导致互联网瘫痪，也引起了人们对网络安全问题的关注。随着网络的不断发展，网络安全问题的概念和内涵也不断演变。从引发网络安全问题的内因上看，软件、硬件、系统架构、协议等在设计时产生的脆弱性和逻辑漏洞是引起网络安全问题的根源；从外因上看，木马和僵尸网络、拒绝服务攻击、社会工程学、APT 攻击等复杂多变的攻击手段是引发各类网络安全事件的重要因素。

1999 年 12 月，美国的《新世纪国家安全战略》首次提出了"网络安全"的说法。该战略指出网络安全的重点是降低网络环境中存在的各种风险，防范网络活动面临的各种威胁，需要考虑网络安全的内因和外因。另外，国际电信联盟（ITU）也给出了更为宽泛的网络安全定义。在 2008 年 4 月发布的《数据网、开放系统通信和安全性：网络安全综述》（ITU-T［国际电信联盟电信标准化部门］X.1205）技术标准中，将网络安全定义为"网络安全涉及用以保护网络环境和机构及用户资产的各种工具、政策、安全理念、安全保障、指导原则、风险管理方式、行动、培训、最佳做法、保证和技术"。其中，机构和用户的资产包括相互连接的计算装置、人员、基础设施、应用、服务、电信系统以及在网络环境中全部传送和/或存储的信息。ITU 定义的网络安全工作的首要目的是确保防范网络环境中的各种安全风险，实现并维护机构和用户资产的安全特性。

从根源上看，网络安全问题产生的根本原因始于底层物理层面与上层"人"的操作理解层面之间的分歧，包括软件、硬件、系统架构和协议等在设计时产生的脆弱性，以及攻击者利用这些脆弱性开展的攻击。随着外界环境的不断变迁，网络安全问题面临的主要矛盾也在不断变化。近年来，随着网络边界的不断拓展，网络结构开始从中心化走向分布式自治组织；互联网用户从 20 世纪 60 年代末期美国国防部高级研究计划署（Advanced Research Projects Agency，ARPA）网络中的"自律"用户演变到如今包括监管方、基础设施运营方、网络运营方、业务提供方、用户等在内的各类型"利益冲突者"；数据由网络诞生初期的少量结构化文本数据走向如今涵盖文本、语音、视频等众多类型的海量非结构化数据；接入方式由单一的有线线缆接入走向无线接入，由本地走向云端；网络终端也由"傻瓜式"走向多元化和智能化。在这些外界环境变化因素的不断驱使下，作为应对攻击和威胁衍生出的应用类学科，网络安全具有较强的相对性和随机性。即使独立来看是安全的系统，在面对互联需求、从封闭到开放的过程中也都会发生安全状态的变迁。此外，由于网络安全的依附性和产业伴生性，也使其具有从动性高于主动性的特点。

应对外部威胁和解决内生脆弱性问题有两种网络安全的解决思路。第一种思路是从业务应用的角度，增加外部的防护手段来提供针对性的防御。通过隔离、过滤、检测等附加的安全防御手段对抗来自网络内部和外部的攻击行为，这包括以基于深度包检测/深度流检测（DPI/DFI）、特征匹配的攻击检测，以事件分析、访问控制、安全审计等为代表的被动检测和分析，以漏洞挖掘、渗透检测、态势感知等为代表的主动防御方法，以及事件发生后的追踪和溯源方法等。该思路遵循的是"哪有弱点在哪设防"的工作模式。第二种思路是从网络和系统本身的角度，加强设计的安全性，在底层系统和网络设计之初就考虑安全性，通过加密、可信计算、异构安全、零信任网络等方式，为数据本身、网络执行环境、访问行为等提供安全保护。

从安全产业和技术应用现状上来看，由于有针对性的外部防御方法见效快，投资回报高，而底层设计的安全性往往技术门槛高、成本高、攻关难度大，因此上述两种网络安全问题的解决思路常表现出"重外部防御、轻内生安全"的现状。

综上所述，本书对 5G 网络安全的相关阐述也将紧密围绕网络安全的对抗性本质，从解决内生脆弱性和应对外部威胁两方面讨论 5G 相关网络安全问题的解决之道。一方面，从网络和协议本身的角度，探讨在底层协议和网络设计之初考虑安全性，通过加密、认证等方式，为数据本身、网络执行环境、访问行为等提供安全保护。另一方面，从业务应用的角度，增加外部的防护手段来提供有针对性的防御，通过隔离、过滤、检测等附加的安全防御手段对抗来自网络外部的攻击行为。

此外，值得注意的是，随着网络技术的发展，全球网络空间覆盖范围愈发广泛，内容愈发丰富，功能愈发强大，越来越多的事关国计民生的信息系统也逐渐实现 IP 化和开放互联。尤其是 5G 网络加速构建万物互联的泛在连接社会，网络从传统的人与人通信延伸到人与物、物与物的无处不在的互联，其安全影响也不仅局限于数字世界的通信与传输安全，而是向物理世界的人身安全、生产安全、社会安全和国家安全等方面加速渗透、延伸。一旦发生网络安全事件，不但有可能造成大规模用户信息泄露、经济财产损失等，更加严重的是有可能导致国家关键信息基础设施系统瘫痪、网络中断、国家重要数据资源泄露、工业领域停业停产、重大人员伤亡等严重后果。例如震网病毒、乌克兰电力系统和以色列电力系统被攻击等事件，直接影响到了国家安全、经济秩序正常运行和社会稳定。因此，5G 时代赋予了网络安全以更高的时代使命和战略意义。

2.2　5G 网络安全需求及目标

5G 作为新一代移动通信技术发展的方向，将在提升移动互联网用户业务体验的基础上，进一步满足未来物联网应用的海量需求，与工业、医疗、交通等行业深度融合，实现"万物互联"。当前，世界主要国家和地区均把 5G 作为谋求竞争新优势的战略方向，5G 将成为构建数字经济和数字社会的重要基础。同时，5G 网络的国际博弈复杂、敏感，安全问题已经成为各方关注和热议的话题。

5G 业务的蓬勃发展离不开安全、可靠的 5G 网络，而 5G 多样化业务、服务化架构、虚拟化技术以及新产业生态对网络安全提出了新的挑战。5G 安全机制首先需要满足基本通信安全需求，还需要满足不同业务场景的差异化安全需求，适应 5G 时代多种网络接入方式，支持更好的用户隐私保护，并支持向业务应用提供开放的网络及安全能力。同时，5G 网络需要针对 5G 时代新的安全需求，打造端到端、差异化的安全技术体系和管理体系。

2.2.1　5G 安全需求

5G 时代，新技术、新应用场景、新生态催生出新的安全需求，具体体现在以下几个方面。

1. 新技术

5G 网络引入 NFV 技术，实现硬件通用化、软件模块化，支持网络设备的软硬件分离，从而可提供动态共享资源的云；采用 SDN（软件定义网络）和 SBA 技术，提供性能灵活的网络架构；基于网络切片技术，提供按需定制的个性化网络能力及安全服务。不过，新的网络范式也形成了新的安全威胁攻击面，提出了新的技术安全需求。

为提高系统的灵活性和效率，并降低成本，5G 网络架构引入新的 IT 技术，如 SDN 和 NFV。新技术的引入，也为 5G 网络安全带来了新的挑战。

5G 网络通过引入虚拟化技术实现了软件与硬件的解耦，通过 NFV 技术的部署，使得部分功能网元以虚拟功能网元的形式部署在云化的基础设施上，网络功能由软件实现，不再依赖专有通信硬件平台。5G 网络的虚拟化特点改变了传统网络中功能网元的保护方式，不再依赖对物理设备的安全隔离。原来认为安全的物理环境已经变得不安全，实现虚拟化平台的可管控的安全性要求成为 5G 网络安全的一个重要组成部分，例如安全认证的功能也可能放到物理环境安全当中。因此，5G 网络安全需要考虑 5G 基础设施的安全，从而保障 5G 网络业务在 NFV 环境下能够安全运行。

另外，5G 网络中通过引入 SDN 技术提高了 5G 网络中的数据传输效率，实现了更好的资源配置，但也带来了新的安全需求，即需要考虑在 5G 环境下，虚拟 SDN 控制网元和转发节点的安全隔离和管理，以及 SDN 流表的安全部署和正确执行。

为了更好地支持 5G 网络的 3 个应用场景，5G 网络将建立网络切片，为不同业务提供差异化的安全服务，根据业务需求针对切片定制其安全保护机制，实现客户化的安全分级服务。同时网络切片也对安全提出了新的挑战，如切片之间的安全隔离，以及虚拟网络的安全部署和安全管理。例如面向低时延业务场景，5G 核心网控制功能需要部署在接入网边缘或者与基站融合部署。数据网关和业务使能设备可以根据业务需要在全网中灵活部署，以减少对回传网络的压力，降低时延和提高用户体验速率。随着核心网功能下沉到接入网，5G 网络提供的安全保障能力也将随之下沉。

5G 网络的能力开放功能可以部署于网络控制功能之上，向第三方提供网络服务和管理能力。5G 网络能力开放不仅体现在整个网络能力的开放上，还体现在网络内部网元之间的能力开放。与 4G 网络的点对点的交互流程不同，5G 的各个网元都提供了服务的开放功能，不同网元之间通过 API（应用编程接口）调用其开放的能力。因此 5G 网络安全需要核心网与外部第三方网元、核心网内部网元之间支持更强、更灵活的安全能力，实现业务签约、发布，为每位用户的每项服务提供安全通道。

2. 新应用场景

5G 系统典型应用场景分为 3 大类：eMBB、mMTC 和 uRLLC。结合垂直行业差异化需求细分出工业互联网、物联网、车联网与自动驾驶、云端机器人以及医联网等应用场景。差异化应用场景需要个性化的安全保护，催生了垂直行业的特定安全需求。

eMBB 类业务的特点是对带宽有很高的要求，例如高清视频、虚拟现实/增强现实（VR/AR）等，用于满足人们对于数字化生活的需求。eMBB 类不同业务场景的安全需求也有所不同，例如，VR/AR 等个人业务可能只要求对关键信息的传输进行加密，而在行业应用时可能要求对所有环境信息的传输进行加密。

对于连接密度要求较高的场景，例如智慧城市、智能农业等，mMTC 覆盖能够满足人们对于数字化社会的需求。mMTC 场景中存在多种多样的物联网设备，包括处于恶劣环境中的物联网设备，以及技术能力弱且电池寿命长（如超过 10 年）的物联网设备。面向繁杂的物联网应用种类和成百上千亿的连接，如果采用单用户认证方案，成本高昂且容易造成信令风暴。因此 5G 网络需降低物联网设备在认证和身份管理方面的成本（如采用群组认证等），支撑物联网设备的低成本和海量部署。针对计算能力弱且电池寿命需求高的物联网设备，5G 网络应该通过一些新的安全保护机制（如轻量级的安全算法、简单高效的安全协议等）来保证高效性。

uRLLC 聚焦于对时延极其敏感的业务，例如自动驾驶/辅助驾驶、远程控制等，满足人们对于数字化工业的需求。低时延和高可靠性是 uRLLC 业务的基本要求，如车联网业务在通信中若受到安全威胁则可能会危及生命安全，且高级别的安全保护措施不能额外增加通信时延。从安全角度来看，5G 超低时延的实现需要在端到端传输的各个环节进行一系列机制优化，包括优化业务接入过程身份认证的时延，降低数据传输安全保护带来的时延，减少终端移动过程由于安全上下文切换带来的时延，以及数据在网络节点中加解密处理带来的时延。

面对多种应用场景和业务需求，5G 网络还需要一个统一的、灵活的、可伸缩的安全认证架构来满足不同应用的不同级别的安全需求，用以支持多种应用场景的网络接入认证，包括能够支持终端设备、签约用户的认证、支持多种接入方式的认证、支持多种认证机制等。同时 5G 网络应支持网络伸缩性需求，如网络横向扩展时需要及时启动安全功能实例来满足增加的安全需求，网络收敛时需要及时终止部分安全功能实例来达到节能的目的。另外，5G 网络应支持按需设置用户面数据保护，如根据 3 大业务类型的不同，或根据具体业务的安全需求，部署相应的安全保护机制，包括选择不同的加密终结点、加密算法、密钥长度等。

3. 新生态

5G 网络中将出现多种角色，比如公共硬件提供商、网络设施运营商、网络切片运营商、虚拟网络运营商、应用服务提供商等，各种角色协同合作，构成了 5G 网络新的生态环境，同时需要新的安全管理机制。

5G 网络的多角色特点给网络部署运营带来了新的安全需求，主要包括：5G 网络的开放性和复杂性，对 5G 安全设计（权限管理、安全域划分隔离、内部风险评估控制、应急处置等）提出了更高要求；5G 网络基于虚拟化技术的部署特点需要更完善的系统配置和物理环境防护考虑；同时，5G 网络具有运维粒度细和运营角色多（网络设施运营商、网络切片运营商、虚拟网络运营商）的特点，细粒度的运维要求和多样化的运维角色也对 5G 网络的运维提出了更高要求。

另外，5G 新生态中增加了垂直行业应用服务提供商。行业应用服务提供商与网络运营商、设备供应商一起，成为 5G 产业生态安全的重要组成部分。5G 网络安全、应用安全、终端安全问题相互交织，互相影响，行业应用服务提供商需要与网络运营商明确安全责任边界，强化协同配合，从整体上解决安全问题。

根据新生态环境中不同的角色划分，5G 网络生态的安全应充分考虑各主体不同层次的安全责任和要求，既需要从多种设备供应商和网络运营商的角度考虑安全措施与保障，也需要垂直行业如能源、金融、医疗、交通、工业等行业应用服务提供商采取恰当的安全措施。

综上所述，5G 网络新的发展趋势，尤其是新的网络范式、新的应用场景和新的生态环境，对 5G 网络安全和用户隐私保护等都提出了新的挑战。除了要满足基本通信安全需求，还需要为不同应用场景提供差异化的安全服务，需要适应多种网络接入方式及新型网络架构，保护用户隐私，并支持提供开放的安全能力。同时，在 5G 时代新的生态环境下，需要建立健全新的安全管理体系。当前，5G 安全已成为业界关注的焦点，需要尽快形成 5G 网络安全技术框架和实施方案，并推动达成产业共识，以便有效指导 5G 安全后续技术研究和产业发展。

5G 安全机制应能够为新型网络架构提供安全保障，确保运营商网间互联互通安全，支持安全能力开放。与此同时，在部署 5G 网络时，也应针对业务需求提供安全的部署、配置和运维措施，并定期进行检查，确保网络在运营期间的安全。

2.2.2　5G 安全总体目标

5G 网络技术安全总体目标是满足 5G 时代新的安全需求，即健壮的安全保护机制、灵活的安全框架以及自动化的安全管理，具体包括满足 5G 业务需求的通信安全机制、安全的服务化架构、统一的认证框架、安全的网络能力开放、可定制化的安全服务、增强的隐私保护以及健全的 5G 安全管理体系等。

在 5G 时代，一方面，垂直行业与移动网络的深度融合，带来了多种应用场景，包括因同时接入海量资源而受限的物联网设备、无人值守的物联网终端、车联网与自动驾驶、云端机器人、多种接入技术并存等；另一方面，IT 技术与通信技术的深度融合，使网络架构发生了变革，以灵活支撑多种应用场景。5G 安全应保护多种应用场景下的通信安全以及 5G 网络架构的安全。

5G 网络的多种应用场景中涉及不同类型的终端设备、多种接入方式和接入凭证、多种时延要求、隐私保护要求等，所以 5G 网络安全应具备以下特征。

- ❑ 提供统一的认证框架，支持多种接入方式和接入凭证，从而保证所有终端设备安全地接入网络。
- ❑ 提供可按需定制的安全保护，满足多种应用场景中的终端设备的生命周期要求、业务的时延要求。
- ❑ 提供隐私保护，满足用户隐私保护以及相关法规的要求。

5G 网络架构中的重要特征包括 NFV/SDN、切片以及能力开放，保证实现以下目标。

- ❑ NFV/SDN 引入移动网络的安全：包括虚拟机相关的安全、软件安全、数据安全、SDN控制器安全等。
- ❑ 切片的安全：包括切片的安全隔离、切片的安全管理、UE 接入切片的安全、切片之间通信的安全等。
- ❑ 能力开放的安全：既能保证开放的网络能够安全地提供给第三方，也能保证网络的安全能力（如加密、认证等）能够开放给第三方使用。

2.2.3　5G 相比 4G 网络的安全能力增强

4G 网络安全架构基本满足 4G 时代业务需求，但随着新技术新业务的发展，有些遗留的安全问题逐渐凸显出来，如图 2-1 所示。

图 2-1 所示为现有 4G 网络目前遗留的 6 个安全问题，具体说明如下。

- ❑ IMSI（国际移动用户识别码）泄露：在 4G 网络中，存在 3 种场景可能导致用户 IMSI泄露，即初始附着使用明文 IMSI；使用明文 IMSI 进行寻呼；使用临时身份信息 GUTI

（全球唯一临时 UE 标识符）请求接入运营商网络时，若核心网查询不到该 GUTI 对应的真实身份信息，则会要求手机提供明文 IMSI。

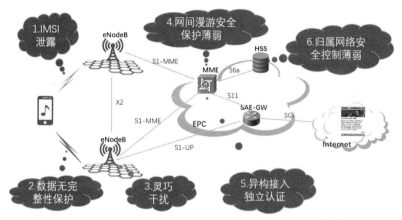

（图片来源：中国信息通信研究院）

图 2-1   4G 网络遗留安全问题

- ❑ 数据无完整性保护：在 4G 网络中，无线接口用户面数据无完整性保护，这将导致用户数据被篡改。

- ❑ 灵巧干扰（Smart Jamming）：属于无线接口干扰，是无线通信特有的一种 DoS（拒绝服务）攻击，既可以通过发送大功率的信号进行简单的干扰攻击，也可以通过选择无线接口中的控制信道进行更智能的干扰攻击，从而达到更有效地攻击移动网络的目的。

- ❑ 网间漫游安全保护薄弱：用户在不同网络间漫游时，网间传输的数据并没有得到完善的安全保护，易发生中间人攻击。

- ❑ 异构接入独立认证：不同的接入技术各自独立认证，造成安全参数和认证方式不统一，导致异构网络间切换的连续性差。

- ❑ 归属网络安全控制薄弱：拜访地网络可以欺骗归属网络，将会带来归属网络计费异常问题。

针对以上问题，5G 网络采用更灵活、更完善的安全保护机制，提供比 4G 系统更强大的通信安全能力，主要包括：采用差异化身份管理机制以及匿名化技术来保护用户隐私；采用统一的认证框架来融合不同的接入认证方式；支持无线接口用户面完整性保护、增强的网间漫游安全保护以及归属网络安全控制。

2.3　5G 网络面临的安全风险及挑战

5G 将全面构筑经济社会发展的关键信息基础设施，其安全的重要性明显提升，因为 5G 网络引入新型架构、新特征，会带来新的安全风险和挑战。5G 新引入的关键技术主要包括网络功能虚拟化、网络切片、边缘计算、网络能力开放、异构接入和终端形态多样化等。新的安全风险和挑战主要包括：实体网元演变为虚拟化软件；物理资源共享；设备安全边界模糊；信息内容监测溯源难度加大；开放端口成为数据泄露的脆弱点；多样化终端的安全能力差异大；容易成为新的攻击目标以及新业务场景下的安全责任归属问题等。

5G 网络通信安全涵盖网元、网络、数据、信息等多个维度。

2.3.1　5G 网元面临的安全风险及应对措施

1. 安全风险

5G 网元主要分为接入网网元和核心网网元两大类，是设备提供商的关注重点，网元安全涵盖基础设施安全、网络系统安全以及网元功能安全 3 个方面。其中，基础设施安全主要指网元硬件设备的安全；网络系统安全主要包括网络控制、编排、网元路由功能的安全；网元功能安全主要指网元自身功能的安全。

5G 接入网网元负责处理终端设备的接入问题，通常沿用 4G 网络基站的部署方法，因此从基础设施安全和网络系统安全两个角度来看，5G 接入网网元面临的风险与 4G 基本相同。从网元功能安全角度来看，如前所述，由于 4G 在网络接入安全部分还遗留了空口用户面缺少完整性保护以及无线灵巧干扰等安全问题，这可能导致用户面数据被篡改以及用户拒绝服务的风险。

5G 核心网网元与 4G 核心网网元相比有较大的区别。5G 核心网网元采用 SDN/NFV 技术实现了控制面与转发面分离，软件与硬件分离；使用 SBA 以及网络切片技术实现了灵活可定制的网络服务。而 4G 核心网网元是独立的专用网络设备，因此 5G 核心网网元除了面临 4G 遗留的安全问题，还面临着新的安全风险，具体如下。

（1）SDN 安全风险。

在 5G 网络中，SDN 主要负责 5G 网元间的统一控制和路由。SDN 架构包含应用层、控制层以及数据层。其中，应用层和控制层共同实现路由的逻辑控制功能，主要面向网络系统安全。应用层提供可编程的网络路由服务，面临应用安全规则冲突、应用漏洞、恶意应用等安全风险；控制层位于网络的中枢位置，面临 DoS/DDoS（分布式拒绝服务）攻击、病毒木马攻击等单点攻击的威胁。数据层由交换机组成，实现路由的实际转发，主要面向基础设施安全，面临恶意/虚假流规则注入、DoS/DDoS 攻击、非法访问、身份假冒等安全风险。

（2）NFV 安全风险。

NFV 的逻辑架构包含 4 个组成部分，分别是 MANO（管理编排器）、NFVI（网络功能虚拟化基础设施）、VNF（虚拟网络功能）和 OSS/ BSS（运营支持系统/业务支持系统）。

在 5G 网络中，NFV 主要负责 5G 核心网网元功能的虚拟实现和弹性控制，其中，MANO、OSS/ BSS 以及 VNF 统一实现核心网网元功能的编排和模拟，主要面向网络系统安全；NFVI 由计算机硬件构成，主要面向基础设施安全。

MANO 用于整体编排和控制管理。与 SDN 控制器所面临的风险类似，MANO 的出现不仅意味着资源集中控制点所带来的单点失效风险，还意味着配置不当会导致虚拟机之间的资源出现竞争、冲突及信息泄露的可能。

NFVI 提供了基础硬件设施，不同的 VNF 将共享同一个基础硬件设施，包括 CPU（中央处理器）、内存等。基础硬件设施的共享机制会带来木桶效应，即基础设施整体安全能力取决于虚拟环境中安全防护能力最弱的虚拟机。单个虚拟机的威胁有可能会扩散至整个平台，进而影响其他虚拟机的安全。同时，资源的共享也有可能造成责任边界的模糊。

VNF 是虚拟的网络功能，其调试和监测接口面临成为系统后门的风险。另外，故障 VNF 的地址等标识及其关联权限可能会被重新分配给新的 VNF，造成权限管理失控等。

相较于 SDN 的应用层，OSS/BSS 提供了更为复杂的面向 5G 网络的网络服务，包含网络管理、系统管理、计费、营账和客户服务等。由于 5G 服务原子化，OSS/BSS 的应用编排将面临更大可能的应用安全规则冲突、应用漏洞、恶意应用等安全风险。

（3）SBA 安全风险。

SBA 安全目标是确保不同的网络服务间可以被正确调用，在 5G 网络中，具体指各 5G 核心网网元的原子服务的调用关系。例如，AMF（接入和移动性管理功能）可以根据 UE 发出的注册请求，触发调用 UDM 的用户数据获取服务，访问特定的用户数据。由此可见，SBA 安全与认证/授权强相关，主要面向网元功能安全，面临恶意调用、越权访问等安全风险。

（4）网络切片安全风险。

网络切片提供了一个具备特定网络能力和特征的逻辑网络，例如在 5G 网络中，将网络的部分接入控制能力、会话通信能力划分出一个切片给某个垂直行业单独使用，此时同一网元可能服务于多个切片，因此需要考虑同一网元上不同切片间硬件与软件资源的隔离与共享以及对于切片可访问终端的授权等安全问题，既面向网络系统安全，又面向网元功能安全。

2. 应对措施

应对 5G 接入网网元以及 5G 核心网网元所面临的安全风险有以下几方面措施。

在基础设施安全方面，应支持特殊硬件保障机制，例如特殊位置 SDN 交换机禁用特定物理端口等。同时，也要支持通用的硬件安全保障机制，例如设备身份鉴别，以保障出厂设备具备独立的身份标识；接口物理加固，引入接口加锁、掉线报警等安全措施。

在网络系统安全方面，应支持特殊系统安全保障机制，例如针对 5G 网络开发的 SDN/NFV 应用的安全策略一致性问题排查，SBA 网元调用权限测试等。同时，网络系统也要支持通用的系统安全保障机制，包括固件安全增强，即从操作系统内核、协议栈等方面进行安全增强，实现权限最小化以及设备固件的自主可控；漏洞修复加固，即设备商应对 5G 设备进行漏洞扫描与挖掘，发现操作系统与应用软件中存在的安全漏洞，并及时进行修复；补丁升级管理，即针对发现的安全漏洞及时采取补丁升级措施，并在补丁安装前对补丁进行严格的安全评估和测试验证。

在网元功能安全方面，应支持 SBA 以及切片安全相关的安全通信协议机制。目前，3GPP 规定的 5G 设备安全保障认证体系从网元功能维度提供了对于 5G 接入网网元和 5G 核心网网元完备的测试规范和用例。

2.3.2　5G 网络面临的安全风险及应对措施

1. 安全风险

5G 网络不仅包括 5G 网元，还包括为 5G 网元执行时配套支持的基础承载环境和管理相关系统。5G 网元的安全风险主要来自网元本身，而 5G 网络的安全风险存在于建设与运营 5G 网络的整个生命周期，具体包括设备实施、网络部署以及系统运维 3 个过程，主要风险如下。

（1）设备实施风险。

5G 网络在标准设计时解决了许多安全问题，但是设备实现时，仍然面临安全环境假设错误、安全功能缺失、系统配置不合理、软件存在安全缺陷等问题。此外，运营商在采购设备时，还应考虑是否存在设备主动保留超级管理权限、后门等主动脆弱点，以及设备实施是否符合相关法律法规要求。

（2）网络部署风险。

在实施 5G 网络时，应部署和实施必要的安全机制和安全设备，从而应对网络架构革新带来的安全挑战。

例如，5G 网络中基站呈现小型化的特点，出现了 CU（集中单元）和 DU（分布单元）分离的部署场景，分布式的 DU 可能被部署到更接近攻击者的区域。

同时，考虑到垂直行业的应用需求，5G 网络架构针对边缘计算进行了优化设计，使得 5G 边缘计算网元也可能被部署到更接近攻击者的区域。

另外，5G 核心网引入虚拟化技术，支持 SDN 技术，实现了服务化架构。这些新技术虽然将 5G 网络功能尽可能地解耦，为网络带来了动态部署的灵活性和逻辑网络建设开发的自主性，但也引入了更多的接口和交互，系统服务面临更容易被越权使用的风险。

最后，5G 网络为面向多样化的行业需求，提供了全 IP 的网络能力开放功能，可便捷地实现与互联网、业务网以及垂直行业的互联。这打破了传统电信网络能力封闭的特点，攻击者可利用外部网络对核心网网元发起恶意攻击，开放的连接和对外的端口成为了信息泄露的脆弱点。

（3）系统运维风险。

5G 网络引入的新技术使网络功能虚拟化、模块化，5G 网络引入的新场景使网络架构多样化，这些都提升了对于网络运维粒度的要求，同时也可能催生出多个网络运营角色，如网络设施运营商、网络切片运营商、虚拟网络运营商等。

一方面，细粒度的运维要求意味着运维配置错误的风险提升，错误的安全配置可能导致 5G 网络存在安全漏洞，暴露本该隐藏的内部设备和系统，开放不必要的端口和权限等，进而遭受不必要的安全攻击，如信令风暴、异常信令攻击、越权操作等。

另一方面，甲方错误配置可能使乙方网络遭受攻击，新的生态环境也造成了责任边界模糊，使得安全责任划分的难度增大。

另外，新的生态环境也导致网络设备在进行日常维护管理时，需要引入更多的第三方运维人员。第三方运维人员可控性低，可能对设备进行越权操作，如篡改账户、口令等敏感信息，消除日志等非法操作。

2. 应对措施

为应对上述 3 个过程的安全风险，需要采取以下措施。

❑ 建立健全 5G 设备安全保障实施标准与认证体系，开展设备安全性检测，确保设备在入网前具备应有的安全能力。

❑ 部署满足 5G 网络新技术、新场景需求的安全机制和安全措施，包括优化网络架构、新技术的通信和传输保护、新技术的管理安全、网络设备安全防护等。

❑ 建设涵盖事前、事中及事后的完备的安全防护技术手段，包括威胁防护、监测感知和处置回复。

❑ 建立健全安全管理制度，确定网络安全责任和人员，开展网络与系统的定级备案，配备网络安全防护措施，完善网络安全监测手段。

2.3.3　5G 数据、信息面临的安全风险及应对措施

1. 安全风险

带有语义的信息在 5G 网络中主要以数据的形式存在，普遍存在于终端、网元和通信链路当中。5G 网络引入的新技术、新业务给信息及数据的安全带来了新的风险和挑战，具体如下。

❑ 网络功能虚拟化技术提高了敏感数据的保护难度。虚机逃逸、内存自省技术等都增大了数据泄露的风险。

❑ SDN 技术带来网络路由灵活性的同时，引入新的脆弱性，给数据传输带来了一定的安全风险。

❑ 边缘计算技术将部分网络功能下沉到网络边缘，一些核心的用户数据、系统数据也会同步下沉到网络边缘，由于边缘机房的安全防护能力较弱，这些下沉的核心数据也会面临被窃取和篡改的风险。

❑ 5G 数据流量大幅提升，加密技术应用常态化，为违法异常流量的检测和识别都带来了巨大挑战。

❑ 5G 新的生态环境引入了更多的参与者，如公共硬件提供商、网络设施运营商、网络切片运营商、垂直行业应用提供商等，这无疑增加了数据管理和保护的复杂性，同时也提高了安全责任主体划分的难度。

2. 应对措施

针对 5G 的新技术新业务对数据/信息安全的挑战，可采取的应对措施如下。

❑ 通过内生安全提升虚拟环境中的数据安全，确保数据在产生、传输、存储和使用环节

中的安全。具体可采用 TPM（可信平台模块）、HSM（硬件安全模块）等基于硬件的技术，并执行安全引导和软件完整性校验等安全操作，确保虚拟机的可信以及镜像文件等关键要素的可信，降低数据被窃取和破坏的风险。

- ❑ 通过数据加密和安全隔离做好数据在传输和存储过程中的安全保护，确保数据的机密性、完整性和可用性。
- ❑ 通过加强访问控制、接入认证和采用数据脱敏等多种防护措施，保证跨域数据的访问安全，避免数据的非授权访问。此外，在存储资源分配给新的租户之前，应对存储空间中的数据进行彻底擦除，防止被非法恶意恢复。
- ❑ 必要时，参照核心机房的安全防护能力加固边缘机房，使之具备保护相关数据/信息安全的能力。

2.4　5G 网络安全总体视图及功能特性

2.4.1　5G 安全框架设计思路

在充分借鉴现有移动通信网络安全体系架构及国内外相关网络安全框架的基础上，结合 5G 安全需求，设计 5G 安全框架，旨在指导相关单位开展 5G 安全体系建设，提升 5G 安全能力。对于 5G 安全框架的构建，主要包括以下 3 个方面。

- ❑ 安全保障对象：安全保障对象的确定是明确 5G 安全保障工作范畴的基础，并为安全保障工作的实施指明方向。本书将网元、网络、数据、信息以及行业应用作为 5G 安全保障的对象。
- ❑ 安全能力：通过科学、合理、健壮、灵活的安全能力，为 5G 网络中的网元及网元之间的通信提供保护，并采用灵活的架构设计，为行业应用提供内生、自适应、差异化的安全保障能力。
- ❑ 安全运行：5G 安全框架的实施离不开网络的安全部署、配置和运维，离不开网络的安全性监管。设计 5G 安全框架的过程中，需要结合 5G 安全需求，采取静态防护与动态防护相结合的方式，及时发现并有效处置安全事件，并通过监管手段识别合规差距，降低合规风险，提高安全合规方面的管理和技术能力。

另外，在此安全框架的基础上，需要将技术与管理相结合，构建完备的 5G 安全管理体系。结合 5G 安全总体目标以及风险评估结果，制定总体安全策略，包括安全保障对象应具备的安全能力，及网络运营应部署的安全措施。同时，面对不断出现的新威胁，还应动态调整和完善安全策略。

2.4.2　5G 安全框架

5G 安全是分层、分域的生态系统，不同层、不同域具有不同的责任主体，因此 5G 安全总体框架分为 5G 通信安全和 5G 应用安全两大部分。5G 应用安全构建在 5G 通信安全的基础之上，而 5G 通信安全结合各垂直行业的不同安全需求，提供网络端到端的应用安全解决方案。

5G 通信安全基于明确的安全目标制定完善的安全策略及可持续改进的管理方针，为不同的保障对象配备合适的安全能力、部署相应的安全防护措施，根据实时监测结果发现网络中存在的或即将发生的安全问题并及时做出响应，从而保障运行安全。

5G 安全总体框架如图 2-2 所示。

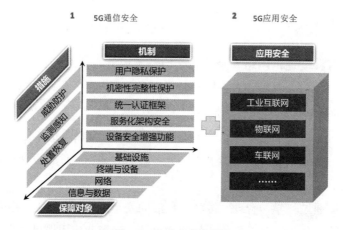

图 2-2　5G 安全总体框架

1. 5G 通信安全

从保障对象、安全机制以及安全措施 3 个视角阐述 5G 通信安全，具体如下。

❑　保障对象视角：涵盖设备安全、网络安全、数据安全、信息安全、终端安全与基础设施安全，如图 2-3 所示。其中，设备安全与终端安全涵盖 5G 终端固件与操作系统安全、泛终端安全、网络设备安全等方面；网络安全涵盖网络架构优化、网络边界安全、网络接入认证、通信和传输保护及安全监测审计等；数据安全涉及采集、传输、存储、处理等各个环节的数据的安全；信息安全包括用户信息及在 5G 网络中传输的内容的安全；基础设施安全涵盖虚拟化安全、SDN 安全、云平台安全等。

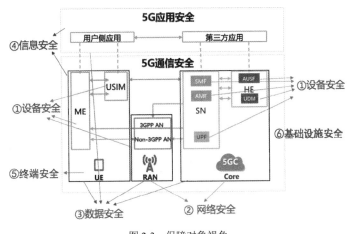

图 2-3　保障对象视角

❑　安全机制视角：从保护通信机密性、完整性和可用性角度，设计用户隐私保护、机密性和完整性保护、统一认证框架、服务化架构安全、设备安全增强等安全机制。

❑　安全措施视角：从全流程安全防护角度，在威胁防护、监测感知、处置恢复等环节针对四大保障对象部署主被动安全防护措施。监测感知和处置恢复环节通过信息共享、监测预警、应急响应等一系列安全机制、措施的部署增强动态安全防护能力，并通过合适的技术手段和管理手段来监督管理，从而保障网络的安全运行。

5G 通信安全的 3 个视角之间相互独立，又相互关联。从保障对象视角来看，安全框架中的每个对象都需要基于完备的安全策略，采用一系列合理的安全机制设计和安全运行措施并依据完备的管理流程对其进行安全保障。从安全机制视角来看，每个保障对象都需要具备与其适合的安全机制，基于安全策略部署相应的安全运行措施，并在管理流程的指导下落地实现安全运行。从安全措施视角来看，每一类防护措施都可以针对不同的保障对象及其相应的安全能力，在特定安全策略和具体管理流程的指导下发挥作用。所以，5G 网络通信安全的 3 个视角相辅相成、互为补充，共同形成一个完整、动态、持续的防护体系。

2. 5G 应用安全

5G 网络需要为垂直行业提供按需的安全保护，包括工业互联网、车联网以及物联网等行业。目前行业应用面临的安全风险主要包括通信中断、虚拟化安全问题、数据泄露/篡改/丢失、权限控制异常、系统漏洞利用、账户劫持、设备接入安全等。针对不同应用场景差异化的安全需求，5G 网络通过灵活的安全架构和机制设计，为行业应用提供内生、自适应、差异化的安全保障能力，主要包括按需的安全隔离及安全功能配置能力、分级用户隐私保护能力及灵活开放的安全能力。

　　5G 网络中，通过按需的切片管理，提升网络安全能力，结合行业用户对网络切片的安全管理以及使用维护要求，对不同的行业应用提供不同的切片，通过不同等级的网络切片间或切片内的安全隔离机制保护网络切片内的重要数据和服务质量。网络切片的安全隔离措施包括资源隔离（例如物理层、操作系统层或虚拟机层的资源隔离）、通信隔离（例如 IPSec/TLS 加密）、管理隔离（例如与编排管理模块之间独立交互接口）等方面，并可以根据行业需求区分出完全、部分和无隔离等不同安全隔离等级，从而实现不同业务、不同用户间的分级分域管理，为不同行业应用提供安全隔离、高度自控的专用逻辑网络。

　　为了支持不同行业应用对 5G 网络承载数据的不同安全保护要求，5G 网络支持在网络切片中配置不同的安全功能：在机密性保护方面，可以按需开启对信令面或用户面数据等不同数据类型的加密保护，并配置不同强度的加密算法，包括 128 位、64 位密钥长度或专用轻量级等加密算法，防止数据窃取；在完整性保护方面，同样可以按需开启对信令面或对用户面等不同数据类型的完整性保护，或在 UE 已具备应用层完整性保护能力下不开启网络层的完整性保护；在用户认证鉴权方面，5G 网络可以灵活配置不同类型的证书，支持基于生物特征、多因子等多种认证方式，并可以在主认证基础上扩展支持应用专属的认证流程；在应对网络攻击方面，5G 网络还可以按需配置不同的威胁信息搜集或处置模块，发现或限制网络攻击的影响范围。

　　5G 网络还可以为行业应用提供分级用户隐私保护能力，基于统一的认证架构和灵活的认证管理，提高行业终端接入安全性，当用户完成 5G 网络的接入认证后，会进一步与行业应用所在的网络切片或应用服务器进行身份认证，并通过 5G 网络收集必要的用户信息。为了防止攻击者在网络层窃取用户隐私，5G 网络需要利用加密、完整性保护、临时性标识等机制来保护用户敏感信息，包括用户在不同行业应用中的身份标识（网络标识、设备标识、应用账号等）、所连接的应用服务信息（网络切片类型、请求服务内容）、位置轨迹等。5G 网络可以按照保护数据的不同范围分为网络不感知用户标识（标识保护）、网络不感知用户行为（关键行为数据保护）和网络不感知用户数据（用户数据保护）。

　　另外，5G 网络可以提供开放的安全服务能力。一方面，基础电信企业可以将网络切片交由第三方应用服务商直接管理，通过网络功能开放接口使其在授权范围内对网络安全能力进行配置与调整；另一方面，也可以由基础电信企业直接提供安全服务，包括为行业应用服务商提供网络层的入侵检测、密钥管理、身份与访问管理等服务，使行业应用服务商更多地聚焦于上层业务的安全能力构建。目前，5G 网络主要通过三大关键技术来保障行业应用的安全，分别是公共接口安全、应用认证安全以及垂直本地网安全。

第3章 5G安全关键技术

 　　5G的新网络架构、新业务应用、新空口技术及更高的用户隐私需求，对5G网络安全及关键技术具有推动作用。5G安全总体架构以安全关键技术作为支撑，支持用户数据和信令的完整性、机密性和隐私性保护。本章将详细介绍5G安全关键技术，包括5G安全密钥及分发机制、安全算法协商、状态转换安全处理、移动性管理安全、双连接安全、互操作安全及5G安全增强技术等。

3.1 5G安全密钥及分发机制

　　5G网络新架构主要由5G核心网（5GC）、无线接入网（RAN）、用户设备（UE）和数据网络（DN）组成。

　　当UE尝试接入网络时，应先与网络确认彼此的真实身份，避免攻击者冒充真实用户或提供虚假网络。为实现该安全需求，5G系统架构在核心网中引入了4个安全功能，分别是认证服务器功能（AUSF）、认证凭证存储和处理功能（ARPF）、用户标识去隐藏功能（SIDF）和安全锚点功能（SEAF）。

　　在UE与5G网络功能实体间的安全过程中，主认证和密钥协商过程将完成UE和网络之间的相互认证，提供后续安全过程中在UE和服务网络之间使用的密钥。由归属网络AUSF向服务网络SEAF提供的密钥称为锚密钥K_{SEAF}，由锚密钥推衍出的多个安全上下文的密钥无须新的身份认证过程。在中国通信标准化协会（CCSA）发布的《5G移动通信网安全技术要求》中明确指出，5GC和5G-RAN应支持128位密钥长度的加密和完整性保护算法对接入层（AS）和非接入层（NAS）进行保护，网络接口应支持256位密钥的传输。

　　5G 网络安全运行时会涉及很多密钥，包括网络实体中的密钥和 UE 密钥。一方面，网络实体中的密钥有 ARPF 中的密钥、AUSF 中的密钥、SEAF 中的密钥、AMF 中的密钥、NG-RAN 中的密钥及 N3IWF 中的密钥等。另一方面，UE 中的密钥与网络实体中的密钥一一对应，分为 USIM 中的密钥和 ME（移动设备）的密钥。

　　密钥间的分层及推衍方式如图 3-1 所示。

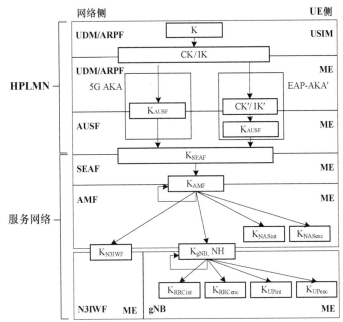

（图片来源：3GPP 33.501）

图 3-1　5G 网络系统中的密钥分层及推衍方式

　　在图 3-1 中，K、CK/IK、CK′/IK′是与认证相关的密钥，ARPF 与 USIM 会存储相同的长期密钥 K，长度为 128 位或 256 位。其他处于分层结构的密钥有 K_{AUSF}、K_{SEAF}、K_{AMF}、K_{NASint}、K_{NASenc}、K_{N3IWF}、K_{gNB}、K_{RRCint}、K_{RRCenc}、K_{UPint} 和 K_{UPenc}，每一层密钥都由上一层密钥推衍而来。

　　归属网络中 AUSF 的密钥 K_{AUSF} 可通过两种方式推衍得到：对于 5G 鉴权和密钥协商（AKA）认证，K_{AUSF} 通过 ME 和 ARPF 由 CK、IK 推衍得到；对于 EAP-AKA′认证，K_{AUSF} 通过 ME 和 AUSF 由 CK′、IK′推衍得到。当 K_{AUSF} 已知后，由 ME 和 AUSF 可推衍出锚密钥 K_{SEAF}。

　　在服务网络的 AMF 中，K_{AMF} 可以通过 ME 和 SEAF 由 K_{SEAF} 推衍得到，也可以由 ME 和源 AMF 通过水平密钥推衍。K_{NASint} 是用于 NAS 信令完整性保护的密钥，K_{NASenc} 是用于 NAS

信令加密保护的密钥。两个密钥都是通过 ME 和 AMF 由 K_{AMF} 推衍而来。除此之外，通过 ME 和 AMF 由 K_{AMF} 还可推衍出 K_{gNB}。K_{gNB} 也可由 ME 和源 gNB（5G 基站）通过水平或垂直密钥进一步推衍得到。根据 K_{gNB}，ME 与 5G 基站可推衍出 K_{UPenc} 与 K_{UPint}，用于通过特定加密算法与完整性算法保护用户面数据；同时也可推衍出 K_{RRCint} 与 K_{RRCenc}，用于通过特定加密算法与完整性算法保护无线资源控制（RRC）协议信令。下一跳参数（NH）作为 ME 和 AMF 派生的密钥，用于提供前向安全性；K_{N3IWF} 是通过 ME 和 AMF 由 K_{AMF} 推衍出用于非 3GPP 接入的密钥。

当在同一服务网域的 5G 核心网络实体之间传送用户永久标识符（SUPI）与包含密钥和数据承载信息的 5G 安全上下文时，一旦这些用户标识符和安全数据从原网络实体传送到新网络实体，原网络实体应立即删除所有数据。

3.2　安全算法协商

在移动通信领域，不同设备之间要进行保密通信，应通过协商来确定安全算法、安全密钥等安全参数。当移动通信系统中使用的不是某一固定算法时，就需要进行安全算法的协商。5G 安全算法协商包含了非接入层（NAS）与接入层（AS）的安全算法选择流程及安全模式命令（SMC）过程。

1. NAS 安全算法协商

核心网中的接入和移动性管理功能（AMF）都配置了一个 NAS 机密性算法列表和一个 NAS 完整性算法列表，两个列表按照运营商决定的优先顺序排列。在初始 NAS 安全上下文建立的过程中，AMF 从列表中选择优先级最高的一种 NAS 机密性算法和一种 NAS 完整性算法，然后启动 NAS SMC 过程，并在发送至 UE 的消息中包含所选算法和 UE 安全功能，以检测攻击者是否修改了 UE 的安全功能。

若在 N2 切换或移动注册更新过程中 AMF 发生变更，导致用于建立 NAS 安全的算法发生改变，则目标 AMF 应向 UE 指示所选择的算法，在 N2 切换过程中使用 NAS 容器指示，在移动性注册更新过程中使用 NAS SMC 指示。同样，AMF 会按照列表排序选择优先级最高的 NAS 算法。

NAS SMC 过程可以检测 UE 发送的注册请求是否被篡改。首先，AMF 激活 NAS 完整性保护，再向 UE 发送 NAS SMC 消息，该消息包含重放的 UE 安全功能、选定的 NAS 算法、用于识别 K_{AMF} 的 5G 密钥集标识符（ngKSI）及其他可能携带的参数。AMF 在发送 NAS SMC 消息后，激活 NAS 上行链路解密。与此同时，UE 验证接收的 NAS SMC 消息，包括检查 AMF 发送的安全能力是否与存储在 UE 中的安全能力相匹配，以确保攻击者不会修改这些安全能力，并使用指示的 NAS 完整性算法和由 ngKSI 指示的基于 K_{AMF} 的 NAS 完整性密钥来验证完整性。验证完成后，UE 向 AMF 发送加密的以及受完整性保护的 NAS SMC Complete 消息。AMF 验证该消息，并激活 NAS 下行链路加密。

2. AS 安全算法协商

每个 gNB 中都配置了一个 NAS 机密性算法列表和一个 NAS 完整性算法列表，两个列表同样按照运营商决定的优先顺序排列。当要在 gNB 中建立 AS 安全上下文时，AMF 将 UE 的 5G 安全功能发送给 gNB。gNB 从列表中选择优先级最高的一种 NAS 机密性算法和一种 NAS 完整性算法，将它们保存在 UE 的 5G 安全功能中，并通过 AS SMC 过程发送至 UE。

当通过 Xn 从源 gNB 切换至目标 gNB 时，源 gNB 在切换请求消息中包含源小区中使用 UE 的 5G 安全能力和机密性/完整性算法，目标 gNB 根据本地配置的算法列表从接收到的 UE 的 5G 安全能力中选择具有最高优先级的算法。若目标 gNB 选择了与源 gNB 不同的算法，则应在切换命令消息中向 UE 指示所选的算法。同样，当通过 N2 从源 gNB 切换到目标 gNB 时，目标 AMF 应将 UE 的 5G 安全能力发送至目标 gNB，目标 gNB 按照本地配置的优先级算法列表从 UE 的 5G 安全能力中选择具有最高优先级的算法。若目标 gNB 选择的算法与源 gNB 算法不同，应在切换命令消息中向 UE 指示所选的算法。若 UE 没有接收到任何完整性和机密性算法的选择，则它继续使用切换之前的算法。

NAS SMC 过程用于 RRC 安全算法协商、用户面安全算法协商和 RRC 安全激活，仅在 UE 和 gNB 之间的初始上下文设置期间使用。首先，gNB 激活 RRC 完整性保护，再向 UE 发送 AS SMC 消息，该消息包含所选的 RRC 和 UP 机密性和完整性算法，将使用基于当前 K_{gNB} 的 RRC 完整性密钥进行完整性保护。gNB 在发送 AS SMC 消息后，激活 RRC 下行链路加密。与此同时，UE 验证接收的 NAS SMC 消息，验证成功后，开始 RRC 完整性保护和 RRC 下行链路解密，并发送 AS SMC Complete 消息，开启 RRC 上行链路加密。gNB 接收并验证成功 AS SMC Complete 消息后，开启 RRC 上行链路解密。

另外，在 gNB-CU 内切换、RRC-INACTIVE 向 RRC-CONNECTED 转换、RNA 更新等过程中，也存在安全算法协商，以保护信息的机密性与完整性。

3.3　状态转换安全处理

5G 核心网与 UE 的注册管理状态有两种，分别是注册状态（RM-REGISTERED）和非注册状态（RM-DEREGISTERED）；连接管理状态也有两种，分别是空闲状态（CM-IDLE）和连接状态（CM-CONNECTED）；RRC 状态有 3 种，分别是空闲状态（RRC-IDLE）、未激活状态（RRC-INACTIVE）和连接状态（RRC-CONNECTED）。当 UE 在这些状态间转换时，也有对应的安全处理。

1.　注册状态转换时的安全处理

当 UE 状态从 RM-REGISTERED 转换到 RM-DEREGISTERED 时，若 UE 或 AMF 存有当前映射或原生 5G NAS 安全上下文，则它应受当前映射或原生 5G NAS 安全上下文的安全保护；若 UE 或 AMF 存有当前映射的 5G NAS 安全上下文和非当前的原生 5G NAS 安全上下文，则应使非当前的原生 5G NAS 安全上下文作为当前的安全上下文，同时删除任何映射或部分 5G NAS 安全上下文。此外，针对其剩余的安全参数，引起状态改变的原因不同，对应的处理方式也有所不同，例如当状态改变的原因是 UE 发起的关机操作，则所有剩余的安全参数都应从 UE 和 AMF 中删除，但当前的原生 5G NAS 安全上下文应保留在 AMF 和 UE 中。

当 UE 状态从 RM-DEREGISTERED 转换到 RM-REGISTERED/CM-CONNECTED 时，若 AMF 存有完整的原生 5G NAS 安全上下文，则 UE 应发送 NAS 注册请求消息，通过使用不同的 NAS COUNT 值和与该接入关联的 NAS 连接标识符对此消息进行完整性保护；若 AMF 没有可用的完整的原生 5G NAS 安全上下文（即 UE 发送未受保护的注册请求消息，或 UE 使用当前的原生 5G 安全上下文保护注册请求消息，但 AMF 中没有存储此 5G 安全上下文），则需要进行主认证。

2.　连接状态转换时的安全处理

当 UE 状态从 CM-IDLE 转换到 CM-CONNECTED 时，若 UE 和 AMF 中存有完整的原生 5G NAS 安全上下文，则 UE 应直接使用可用的完整 5G NAS 安全上下文，并使用它来保护初始 NAS 消息，同时为此接入使用不同的 NAS COUNT 值和 NAS 连接标识符。当 UE 状态从 CM-CONNECTED 转换到 CM-IDLE 时，gNB 和 UE 释放所有无线承载并删除 AS 安全上下文，AMF 和 UE 保存 5G NAS 安全上下文。

当 UE 启动再注册过程之前，UE 需要转换到 CM-CONNECTED 状态，并使用当前的 5G 安全上下文来保护注册请求。该请求包含相应的 5G 全球唯一临时 UE 标识符（5G-GUTI）和 ngKSI 值且受完整性保护，但不受机密性保护，此时 UE 应使用当前 5G 安全上下文的算法来保护注册请求消息。若注册请求中包含"重新激活 PDU（协议数据单元）会话"信息，则无线承载被建立且推衍出 K_{gNB}。

3. RRC 状态转换时的安全处理

UE 处于 RRC-INACTIVE 状态时，允许 gNB 暂停 UE 的 RRC 连接，同时 gNB 和 UE 继续维持 UE 5G AS 安全上下文。gNB 允许 UE 转换到 RRC-CONNECTED 状态后，UE 可恢复 RRC 连接，当 UE 从 RRC-INACTIVE 转换到 RRC-CONNECTED 状态时，该安全上下文可以被重新激活。

当 UE 在 RRC-INACTIVE 状态下移动时，UE 和 gNB 存储 RRC_INACTIVE 状态的 AS 安全上下文，并且当 UE 发起基于 RAN 的通知区域更新（RNAU）过程时，UE 和 gNB 重新激活 AS 安全上下文。同时，连接到 5GC 的 ng-eNB 也应在 UE 处于 RRC-INACTIVE 状态移动时，支持相同的密钥处理。

3.4　移动性管理安全

在移动通信系统中，移动性管理通过各种切换技术保证 UE 在位置改变过程中的通信连续性。在 5G 移动通信系统中，UE 的移动性更强，业务更加多样化，用户对通信质量、时延和安全性要求也更高。因此，在完善移动性管理方案的同时，移动性管理安全也十分重要。

1. 切换过程密钥处理

UE 在移动过程中，当从一个 gNB 切换至另一个 gNB 时，UE 和 gNB 通过使用 K_{gNB} 来保护彼此之间的通信安全。切换时，UE 与目标 gNB 间使用的 K_{gNB}* 是推衍出来的，具体推衍方式有两种：一种是从当前活动的 K_{gNB} 推衍的水平方向密钥推衍；另一种是从下一跳参数（NH）推衍的垂直方向推衍。

当推衍出 K_{gNB}* 时，AMF 将在 ng-eNB/gNB 中的修改安全上下文消息中，将 K_{gNB}* 发送到服务 ng-eNB/gNB。而当 K_{AMF} 在切换过程中发生变化时，也将重新推衍出新的 NAS 密钥，其 NAS 算法类型及算法标识符都将发生改变。无论切换是发生在 gNB-CU 内部、ng-eNB 内部、Xn，还是 N2（gNB-CU 内部切换除外），UE 都执行相同的操作，UE 可基于来自 gNB 的指示保留相同的密钥。若 UE 还在 HO 命令消息中接收到 NAS 容器，则 UE 还应为其 NAS 安全上下文执行相应的更新。

2. 移动注册更新中的密钥处理

当目标 AMF 接收到 UE 发出的移动注册更新请求后，应调用该过程，并通过 5G-GUTI 来识别 UE 和源 AMF。然后，目标 AMF 向源 AMF 发送消息，包含接收到的注册请求消息与 5G-GUTI。源 AMF 根据接收到的消息，从数据库中搜索该 UE 的数据，检查注册请求消息的完整性保护，检查成功后向目标 AMF 发送响应信息，并删除保留的 5G 安全上下文。另外，源 AMF 发送的响应信息内容取决于 UE 识别结果与本地策略。

一方面，在 UE 识别过程中，若目标 AMF 接收到带有 SUPI 的响应，将创建一个条目并存储可能已接收到的 5G 安全上下文；若收到无法识别 UE 的响应，则启动用户识别流程。

另一方面，根据本地策略，当目标 AMF 不使用源 AMF 发送的 K_{AMF} 时，将会对 UE 执行重认证过程以建立新的 NAS 安全上下文；当目标 AMF 使用源 AMF 发送的 K_{AMF} 时，它应将 K_AMF_change_flag 设置为 1，并通过 NAS SMC 发送至 UE，UE 应推衍出新的 K_{AMF} 以在 UE 和目标 AMF 之间建立新的 NAS 安全上下文。在成功完成正在进行的移动注册流程之后，ME 应使用新的 K_{AMF} 和相关的 ngKSI 值替换 USIM 和 ME 上当前存储的 K_{AMF} 和 ngKSI 值。

3. 密钥重置与刷新

在非接入层，主认证完成后，应根据算法密钥推衍函数从新的 K_{AMF} 中推衍出新的 NAS 密钥，来完成 NAS 密钥重置。AMF 与 UE 通过运行 NAS SMC 过程来使用 NAS 密钥。当 AMF 要刷新 NAS 密钥时，AMF 可以触发运行主认证或使用来自初始 NAS 消息中的水平方向 K_{AMF} 推衍出新的 K_{AMF} 密钥，并重置相应的上行链路和下行链路 NAS COUNT，之后使用算法从新的 K_{AMF} 密钥推衍出新的 NAS 密钥，从而完成 NAS 密钥刷新。

在接入层，AMF 需要从执行 NAS SMC 的流程中获得新的上行链路 NAS COUNT，才可以推演出新的 K_{gNB}，并通过消息发送至 gNB，触发 gNB 执行 AS 密钥重置。而 AS 密钥更新则基于小区内切换，gNB 指示 UE 正在更改小区内切换中的 K_{gNB}，完成 AS 密钥更新。

3.5　双连接安全

LTE/5G 双连接是运营商实现 LTE 和 5G 融合组网、灵活部署场景的关键技术，可提高整个网络系统的无线资源利用率。5G 核心网的多无线双连接（MR-DC）功能可支持 E-UTRA 和 NR 之间的紧密互操作，有 NGEN-DC、NE-DC 和 NR-DC 这 3 种变化形式。无论哪种形式，都需要具备相应的双连接安全功能。

1. 安全机制与流程

UE 在锚点 LTE1 和 NR1 的覆盖区内时，已接入双连接。当 UE 向锚点 LTE2 移动时，触发主节点（MN）切换，从锚点 LTE1 切换到锚点 LTE2。源 MN 在下发切换命令后，先发起辅助节点（SN）释放流程，释放 SN。当切换至目标 MN 后，再触发 SN 添加流程，将 SN 添加至目标 MN。

在上述过程中，当 MN 执行 SN 的添加或修改时，双连接的机密性保护与完整性保护被激活。首先，UE 与 MN 建立 RRC 连接，MN 向 SN 发送添加或修改请求，SN 分配必要的资源并从其配置列表中选择具有最高优先级的机密性保护算法和完整性保护算法，接着向 MN 发送 SN 添加/修改确认消息。然后，MN 收到消息，再向 UE 发起 RRC 连接重新配置请求，UE 在验证其完整性后接收 RRC 连接重新配置请求，并将完成消息发送至 MN，同时激活与 SN 一同选择的机密性保护和完整性保护密钥。最后，MN 向 SN 发送 SN 重新配置完成消息，以通知 SN 配置结果。收到此消息后，SN 激活与 UE 一同选择的机密性保护和完整性保护。

除此之外，当 SN 向 MN 发送密钥更新消息时，MN 应推衍出新的 K_{SN} 并将其发送给 SN，然后执行呼叫流程。当 SN 释放最后一个 UE 或 UE 更换该 SN 时，SN 和 UE 应删除 SN RRC 和 UP 密钥。

2. 建立 UE 和 SN 的安全上下文

MN 应在其 AS 安全上下文的持续时间段内维护一个 16 位的 SN 计数器的值，该值可用于计算 K_{SN}。由于 SN 计数器值是通过 MN 和 UE 之间的 RRC 连接传输，且该连接受到完整性保护，因此攻击者无法通过空口修改 SN 计数器值。当 MN 释放 SN 连接，且稍后决定将释放的连接重新连接到同一个 SN 时，则 SN 计数器值应相应增加，从而保证计算得到的 K_{SN} 为最新的。

3. UE 和 SN 之间的流量保护

当 PDCP 流量终止于 SN 时，会受到 SN RRC 和 UP 密钥以及算法的保护。UE 和 SN 可以推衍所有 SN RRC 和 UP 密钥，并根据需要使用它们。在 MR-DC 场景的 UP 安全激活过程中，除规定的安全机制外，MN 也应确保所有属于同一个 PDU 会话的数据无线承载（DRB）使用相同的 UP 完整性保护和机密性保护。当 SN 分流 DRB 时，MN 应通知 SN 采用的机密性保护和完整性保护。

4. 其他安全功能

首先，在 N2 和 Xn 之间切换时，应释放 UE 和 SN 之间的 DRB 与信令无线承载（SRB）连接。同时，SN 和 UE 应删除 SN RRC 和 UP 密钥，新的密钥将由目标 MN 通过更新后的 K_{SN} 推衍。其次，当 SN 请求 MN 执行计数器检查时，SN 应向 MN 发送检查请求，该请求中应包含 PDCP COUNT 和相关联的无线承载标识符的期望值。此外，当发起无线链路故障恢复时，UE 与 MN 将一起运行 RRC 重建的过程，同时释放 UE 与 SN 之间的无线承载。

3.6　互操作安全

4G 网络是目前移动通信业务的主要承载网络，技术成熟、稳定，覆盖全面、深入。由于 5G 与 4G 的网络频段不同，在 5G 的发展前期，基站很难覆盖所有区域。因此，通过 5GC 与 EPC（演进的分组核心网）之间的互操作实现 5G 与 4G 网络协同十分重要。

为支持 4G 与 5G 之间的互操作，3GPP 标准中定义了 UE 的两种注册模式：一种是双注册模式，即 UE 能够独立维护和使用两种安全上下文，分别与演进的分组系统（EPS）与 5G 系统（5GS）交互；另一种是单注册模式，即 UE 在同一时间内仅能保持 EPS 或 5GS 中的一种移动性管理状态。对 UE 来说，单注册模式是必选功能，双注册模式为可选功能。在单注册模式中，4G 与 5G 之间的互操作可能涉及 MME（移动性管理实体）与 AMF 间的 N26 接口。

1. EPS 至 5GS 的移动性注册安全

在 UE 从 EPS 移动到 5GS 期间，UE 首先向 AMF 发送注册请求消息，包括 UE 的 5G 安全能力、映射的 5G GUTI、ngKSI 及跟踪区更新（Tracking Area Update，TAU）请求。AMF 接收到注册请求后，将与 MME 交互以检索 UE 的 5G 安全上下文，并验证注册请求消息的完整性。若验证成功，AMF 将接收源 MME 中的所有 EPS 安全参数；若验证失败或 5G 安全上下文不可用，AMF 可从源 MME 接收的 EPS 上下文导出映射的 5G 安全上下文，或者发起主认证过程以创建新的原生 5G 安全上下文，并和 ngKSI 一起与上、下行链路 5G NAS COUNT 关联。注册请求消息应受到激活后的 5G 安全上下文的保护。

2.　EPS 与 5GS 间的切换安全

当 UE 要通过 N26 接口从 EPS 切换到 5GS 时，源 MME 先检查 UE 的安全功能和接入权限的有效性，再向目标 AMF 发送前向重定位请求。目标 AMF 接收到请求后，从 K_{ASME} 与 EPS 安全上下文构建映射的 5G 安全上下文，并向目标 gNB 发送切换请求消息用于建立承载。目标 gNB 从 UE 安全功能列表中选择 5G AS 安全算法，并将其包含在切换请求确认消息中发送给目标 AMF。目标 AMF 将前向重定位响应消息发送到源 MME，该消息中包含目标 gNB 发送给目标 AMF 的作为目标到源容器的所需安全参数。随后，源 MME 将切换命令发送到源 eNB，命令 UE 切换到目标 5G 网络，此消息包括目标 AMF 所包含的 NAS 容器中的所有安全相关参数。UE 构建映射的 5G 安全上下文，并将切换完成消息发送到目标 gNB。机密性保护和完整性保护由 5G 安全上下文中的 AS 密钥完成。

当 UE 要通过 N26 接口从 5GS 切换到 EPS 时，在源 AMF 检查 UE 的接入权限和安全能力之后，生成映射的 EPS 安全上下文，并从 K_{AMF} 推衍出 K_{ASME}' 与 eKSI 相关联。然后，源 AMF 将包含新 K_{ASME}'、eKSI、{NH，NCC} 等信息的 UE 安全上下文通过前向重定位请求发送给目标 MME。随后，目标 MME 向目标 eNB 发送切换请求消息用于建立承载，该消息中包含 {NH，NCC} 和 UE 的安全能力。目标 eNB 选择 AS 安全算法并计算出要与 UE 一起使用的 K_{eNB}，并将其包含在切换请求的确认消息中发送给目标 MME。目标 MME 再将从目标 eNB 接收的安全参数通过前向重定位响应消息发送给源 AMF。然后，源 AMF 向源 gNB 发送切换命令，并由源 gNB 发送给 UE，该消息包含 AS 安全算法、NCC 和下行链路 NAS COUNT 值等安全参数。UE 接收到切换命令后，构建映射的 EPS 安全上下文用于机密性保护与完整性保护，并向目标 eNB 发送切换完成消息。

3.　5GS 到 EPS 的空闲态移动安全

当 UE 要通过 N26 接口完成从 5GS 到 EPS 的空闲模式移动时，先向 MME 发送 TAU 请求，该请求包含 5G GUTI 及映射的 EPS GUTI。在这个过程中，UE 使用当前 5G NAS 安全上下文对 TAU 请求消息进行完整性保护。MME 接收到 TAU 请求后，通过映射的 EPS GUTI 值获得 AMF 地址，再向 AMF 发送上下文请求消息。AMF 根据接收到的 eKSI 来识别 5G NAS 安全上下文，并验证 UE 发送的 TAU 请求消息。验证成功后，推衍出映射的 EPS NAS 安全上下文，并通过上下文响应消息发送给 MME，同时 UE 也推衍出映射的 EPS NAS 安全上下文。当 MME 接收到上下文响应消息后，比较 UE 安全算法及配置列表，再决定是否选择其他算法。最后，MME 向 UE 发送 TAU 接受消息，完成空闲态移动过程。

4. 安全上下文的映射

在 EPS 与 5GS 之间的互操作安全中，安全上下文的映射十分重要。当从 5G 安全上下文推衍映射的 EPS 安全上下文时，作为新 K_{ASME} 的 K_{ASME}' 密钥应从 K_{AMF} 推衍出，并定义新 K_{ASME} 的 eKSI，同时将映射的 EPS 安全上下文中的 EPS NAS COUNT 值置为 0，选定的 EPS NAS 算法应设置为 AMF 之前发送的 EPS 算法，然后进行 NAS SMC 过程。当从 EPS 安全上下文推衍映射的 5G 安全上下文时，与上述要求相似，作为新 K_{AMF} 的 K_{AMF}' 密钥应从 K_{ASME} 推衍出，并定义新 K_{AMF} 的 egKSI，同时将映射上下文中的 5G NAS COUNT 值置为 0。

3.7　5G 安全增强技术

3.7.1　MEC

1. 概述

移动边缘计算（Mobile Edge Computing，MEC）是在移动网络边缘为应用开放者和内容服务商提供 IT 服务环境和云计算能力，强调靠近移动用户，以减小网络操作和服务网交付的时延，提升用户体验。

MEC 概念最初于 2013 年出现，源于 IBM 与 Nokia Siemens 网络共同推出的一款计算平台，可在无线基站内部运行应用程序，向移动用户提供业务。由于移动边缘计算能够靠近用户提供计算能力，应用场景更为丰富。随着 5G 网络、物联网等加速发展，各大电信标准组织开始推动移动边缘计算的规范化工作。

2017 年，随着技术的不断演进，欧洲电信标准化协会（ETSI）将 MEC 的定义从第一阶段的移动边缘计算修改为多接入边缘计算（Multi-access Edge Computing，MEC），扩展至对非 3GPP 网络（无线局域网、有线网络等）以及 3GPP 后续演进网络（5G 等）的支持，并将考虑"协调多个 MEC 主机被部署在许多不同的网络中，由各种运营商拥有，并以合作的方式运行边缘应用"的融合场景，如图 3-2 所示。

MEC 系统的标准主要由 ETSI 制定，标准内容包括 MEC 系统级和 MEC 主机级两部分。

❑　MEC 系统级：负责对 MEC 系统进行全局掌控，包括 MEC 业务支撑系统（OSS）、MEC 业务编排器（MEO）。

❑　MEC 主机级：包括 MEC 平台管理器（MEPM）、虚拟化基础设施管理器（VIM）、

MEC 主机。MEC 主机又可以进一步划分为虚拟化基础设施、MEC 应用（App）、边缘计算编排（MEP）。其中虚拟基础设施提供移动边缘应用使用的计算、存储、网络资源，并按照移动边缘平台下发的业务规则进行业务流转发。

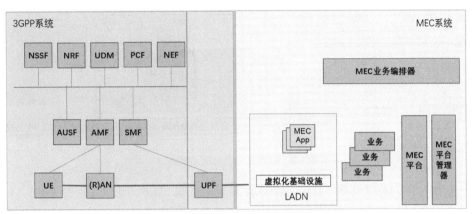

图 3-2　5G MEC 架构

MEC 在靠近用户的接入网侧提供 IT 和云计算的能力，更好地利用接入侧的高带宽、低时延，近端部署的优势同时也带来了新的安全威胁，比如：第三方应用与核心网元用户面功能（UPF）共享基础设施，恶意应用可能耗尽资源，从而造成 DoS 攻击；边缘环境安全防护不够，软硬件被篡改和替换等。针对新的威胁，可采用适当的措施进行消减，比如：按照核心网、自有应用以及第三方 App 进行安全域划分和资源隔离；通过可信启动、动态度量支持软硬件防篡改、硬件防替换等安全防护。

5G 网络在网络架构设计中同步考虑了边缘计算。MEC 技术的引入，将能够实现本地内容缓存、基于无线感知的业务优化处理、本地内容转发、网络能力开放等服务，支持 5G 网络在时延敏感、实时性要求高、数据量大等应用场景运行，使业务体验更有保障，是 5G 网络架构演进的关键技术。

如图 3-3 所示，5G 网络中的 MEC 部署与会话管理、用户面路径优化、网络功能开放等功能密切相关。边缘计算系统在 5G 网络中扮演了"AF+DN"的角色。

一方面，作为应用功能（AF），边缘计算系统在 N_{nef}、N_{pcf} 接口，通过 5G 网络功能开放能力，在授信域和非授信域分别向 5G 网络策略控制功能（PCF）和网络开放功能（NEF）发送业务路由、用户面选择、计费策略控制等各类请求，从而使 5G 网络能够按照边缘计算应用需求选择合适的路由方式、计费方式和服务网元；同时，MEC 系统还可以通过网络功能开放获取用户的位置变化，从而灵活调整所服务的 MEC 系统。

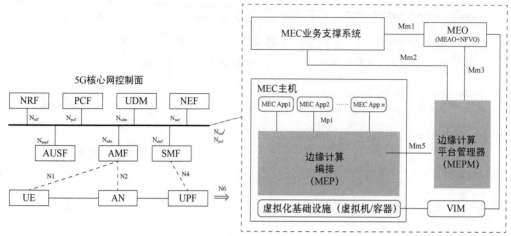

图 3-3　5G 网络中的 MEC 部署方式

另一方面，作为数据网络（DN），边缘计算系统接收 5G 网络用户面网元功能（UPF）转发的上行数据流量，并将 MEC 系统的 App 提供的业务流量通过 UPF 的下行流量送至用户，实现用户的本地应用服务功能。

为了支持边缘计算，5G 网络可以根据用户面的本地分流需求，选择合适的 UPF，能够支持不同的本地分流方式（UL/CL 分流、IPv6 多归属、本地区域数据网），并支持不同的会话和业务连续性（SS1/SS2/SS3 模式），还能为本地分流流量提供 QoS 控制和计费规则。

边缘计算系统的引入会为 5G 网络带来一定的安全风险，包括以下 3 个方面。

- ❑ 由于边缘计算系统部署在靠近核心网边缘位置，与以往核心网设备部署在核心机房不同，部署的地理位置可能是路边、园区等缺乏完善保障措施的地点，因此受到物理攻击的可能性更大。

- ❑ 由于 5G 网络的边缘计算系统采用虚拟化技术部署，上层部署多个应用会共享相关资源，一旦某个应用防护能力较弱被攻破，将会影响在边缘计算平台中其他应用的安全运行。

- ❑ 边缘计算系统通过网络功能开放接口与核心网交互，若边缘计算的系统级控制系统被控制，可能会使 5G 核心网面临风险。

此外，边缘计算系统的数据在本地处理，不仅减少了数据回传带来的安全风险，还避免了核心网数据集中存储对安全与用户隐私带来的风险。尤其是车联网、AR/VR 等垂直应用对用户位置等敏感信息的本地捕获和分析，以及本地处理和过滤，具有较好的数据隐私性和安全性。

为了降低边缘计算系统的安全风险，可以采用诸多安全增强机制，如下所示。

❏ 对边缘计算设施予以物理保护和网络防护，充分利用已有的安全技术进行平台加固并增强边缘设施自身的防盗、防破坏措施。

❏ 加强应用的安全防护，完善应用层接入边缘计算节点的安全认证与授权机制，在部署第三方应用时，要根据部署模式明确各方安全责任划分并协作落实。

❏ 加强 5G 网络功能开放接口安全保护，强化安全威胁监测与处置。一旦发现边缘计算发出的错误指令，应能够尽快隔离。

2. 运行安全及其他

5G 网络引入 MEC 技术，在网络边缘、靠近用户的位置上提供 IT 的服务、环境和云计算的能力。与传统网络需要很多级才能接入业务服务器不同，在基于 MEC 部署的网络中，核心网的控制能力和计算能力都可下沉到网络边缘。

对用户而言，用户可就近接入业务服务器，获得超低时延体验。对运营商而言，也可依托 MEC 提供平台开放能力，为集成在 MEC 平台上的第三方应用或者部署在云端的第三方应用服务，使运营商打开垂直应用市场成为可能。基于 MEC 的开放接口，第三方应用开发商可以充分利用运营商的 MEC 平台，获得移动通信网络的本地分流能力、位置信息、QoS 能力、网络拥塞和吞吐量信息、计费能力等，提供精准化、高价值、智能化的服务能力。

在这种服务模式下，MEC 平台也将面临开放化带来的全新安全问题。例如，开放的应用编程接口增加了从第三方应用引入安全风险的可能，需考虑第三方应用的安全漏洞、恶意代码捆绑等问题；MEC 平台的开放数据涉及用户数据、无线网和核心网网络信息等，需要更为精细化的针对不同级别的认证、授权、监控等安全控制；MEC 平台自身的安全能力需支持针对多租户需求的统一配置和编排，以满足虚拟化环境中的安全按需服务等。

MEC 的业务特性和技术实现方式决定了运营商网络和外部网络将在 MEC 处频繁交会、混合运行，MEC 的运行安全增强技术除覆盖 MEC 平台、MEC 核心业务等安全防护需求外，需重点防范 MEC 与外部平台、外部网络间的交互，尤其是开放应用、互联互通接口等的安全策略，具体如下。

（1）应用安全。

MEC 平台通过开发的原生应用或入驻平台的第三方应用，以虚拟机、容器、微服务等方式，调用 MEC 平台核心能力，将平台相关的基础网络能力如位置服务、带宽管理服务等，通用安全能力如抗 DDoS（Distributed Denial of Service，分布式拒绝服务攻击）、入侵检测等，以及第三方能力（如视频编解码）、AI（人工智能）算法库等开放给平台用户，以提供虚拟/增强现实、云存储、视频会议、虚拟桌面、内容交付等 MEC 服务的应用。

因此，需部署一系列应用安全增强技术，以防范因 MEC 能力开放带来的应用安全风险。例如，对应用与应用、应用与网元，以及多租户应用下租户与应用间实施不同粒度的安全隔离，以防范租户访问权限越界、数据丢失和泄露；为入驻平台的 MEC 应用提供恰当的防火墙、IDS/IPS（入侵检测系统/入侵防御系统）、WAF（Web 应用防火墙）等通用安全保障能力，或对应用、API（应用编程接口）等的安全管理、配置和监测能力等，以及时发现、拦截和响应针对应用的非法访问、入侵；通过设置应用资产管理清单、实施应用安全检测等发现恶意应用；对应用获取 MEC 能力访问权限实施分级管理、冲突检测、安全部署指南等，避免应用过度授权或权限滥用，或因应用的调用、编排、协作管理等策略设置不当，导致应用对平台资源的过度消耗或滥用。

（2）网络安全。

5G MEC 平台在组网方面北向接入核心网数据面网关，接受核心网分流策略、DNS（域名系统）策略等统一配置管理，南向支持无线网络、移动网络、企业本地网络，以及其他数据中心、公有云等接入，并与其他 MEC 平台间实现横向的互联协作。

从组网架构、服务提供方式、运营模式等方面看，将与更多类型的外部网络进行互联互通，在其网络层面运行安全增强技术（如对 MEC 与外部网络间的管理控制、对传输通道等使用安全通道协议或强加密算法），以防止会话 ID 或 Token 等登录凭据被窃听；部署 IDS 等安全检测设备、抗 DDoS 等安全防护设备、防火墙等访问控制设备，提供 MEC 平台、UPF 等关键控制部件的攻击防范能力；制定覆盖网络连接配置不当、资源分配配置不当、UPF 的访问控制策略配置不当、多 MEC 平台间管理编排调度等在内的安全配置策略，防范因配置缺陷引发的攻击威胁。

（3）设备安全加固。

MEC 平台依靠定制化服务器、通用服务器、网络设备、安全设备等设施的搭建，实现承载 MEC 平台核心能力、构建网络连接、提供安全防护能力等功能。因此，需从设备层面部署有针对性的安全加固手段，以防范设备安全漏洞、设备安全配置缺陷、设备安全防护措施不当等引发的安全风险。

例如，部署访问控制策略，包括虚拟设备同步迁移；部署芯片、硬件、操作系统层面的防篡改校验措施；对设备维护的管理通道采取双向认证、更安全的登录认证方式等；实现管理用户权限分离，并采用技术措施对合法访问终端的地址范围进行限制；进行设备资源统一管理控制，以限制单个用户或进程对系统资源的最大使用度，屏蔽虚拟资源故障，并保障对物理资源和虚拟资源的统一管理调度和分配等。

（4）数据保护。

对 MEC 而言，在具体的应用场景中并不局限于只使用特定的 MEC 平台处理相关业务，也存在多个 MEC 平台横向互联、协同合作的情况。因此，MEC 除平台本身对于数据存储、处理、传输等生命周期关键环节的机密性、完整性等安全保护需求之外，还需考虑 MEC 计算迁移场景，即在多个 MEC 平台之间进行业务切换的场景下，残留在缓存、硬盘、内存等存储中的数据信息的剩余数据保护手段。

此外，在通过 MEC 开放网络能力的过程中，可能涉及用户信息（如位置数据、行为偏好数据等）、无线网和核心网的网络信息（带宽管理服务、无线网络信息服务等）以及其他网络和业务相关信息，需对相关信息实行分类分级管理以确保信息的合理使用，实施校验手段以保障开放过程中的完整性，并进行必要的脱敏以保障仅开放必需的信息。

3.7.2 网络切片

1. 概述

运营商基于网络切片技术，可以将一个物理网络切分成多个功能、特性各不相同的虚拟网络（即多个切片），每个切片专门支持一种特定业务场景。这样，运营商可以基于同一物理网络支持多种不同的业务场景，比如 eMBB、uRLLC、mMTC，为不同行业提供差异化的定制网络。典型的网络切片架构如图 3-4 所示。

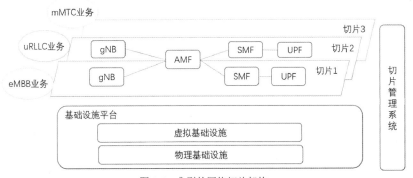

图 3-4 典型的网络切片架构

网络切片是提供特定网络功能的端到端逻辑专用网络。一个端到端网络切片需要提供一个完整网络的功能，包括接入网、传输网、核心网及应用。不同的切片可支持不同的特定要求，比如功能要求（例如优先级、计费、策略控制、安全、移动性等），性能要求（例如时延、移动性、可靠性、速率等），或服务特定用户（例如公共安全用户、合作消费者、漫游用户、虚拟运营商等）。

5G 端到端网络切片架构包括网络切片管理域和网络切片业务域两部分。其中，网络切片管理域由通信服务管理功能（CSMF）、网络切片管理功能（NSMF）、网络切片子网管理功能（NSSMF）组成，具体包括接入网网络切片子网管理功能（AN-NSSMF）、传输网网络切片子网管理功能（TN-NSSMF）和核心网网络切片子网管理功能（CN-NSSMF）；网络切片业务域主要包含如下子域：用户设备（UE）、无线接入网（RAN）、传输网（TN）、核心网（CN）和数据网络（DN），如运营商服务，因特网接入或第三方服务。

网络切片标识符是端到端网络切片的纽带，通过网络切片标识符，将网络切片从终端、接入网、传输网、核心网端到端地关联起来，构成信令面、管理面的端到端全流程。网络切片标识符包括切片网络标识符和切片业务标识符，其中切片网络标识符基于 S-NSSAI（单个网络切片选择辅助信息），切片业务标识符基于 URSP（UE 路由选择策略）。

一个 UE 通过 5G 接入网，可以同时连接到一个或多个网络切片（最多 8 个）。服务于 UE 的 AMF 在逻辑上属于为 UE 服务的每个网络切片，即该 AMF 对服务于 UE 的网络切片来说属于共享网络功能。同时，由于切片隔离，AMF 可能只为部分切片服务，因此终端发起注册请求时，接入网需要先进行初始 AMF 选择，然后由 AMF 进一步进行切片选择，某些场景下可能会触发 AMF 的重选流程来适配终端希望连接的切片。注册完成后，AMF 会通知 UE 其可以接入的切片信息。当 AMF 接收到来自 UE 的 PDU 会话建立请求消息时，该 AMF 会进一步发起网络切片中的 SMF 发现和选择过程。

UE 应具备在建立 PDU 会话中提供 S-NSSAI 的能力。UE 可预先配置一个默认 NSSAI，也可更新默认 NSSAI。UE 可支持为每个拜访网络存储一个 NSSAI 和归属网络的默认 NSSAI。当 UE 接入拜访网络某切片的请求被拒绝后，会将被拒绝的 S-NSSAI 存储下来，并不再重新尝试注册一个包括在被拒绝 NSSAI 中的 S-NSSAI。

由于不同行业应用对安全的需求不尽相同，5G 网络切片为不同业务提供定制化服务的同时，也需要提供差异化的安全保障。网络切片需要满足的安全需求包括网络切片接入授权、重要网元的安全、敏感信息的存储及传输安全、网络切片之间的安全隔离等。

此外，由于不同的网络切片承载不同的 5G 业务，但共享同样的物理基础设施和虚拟基础设施，因此切片间的隔离至关重要；同时，为了保护敏感信息和/或隐私信息，需要做好网络切片的认证和授权。另外，5G 时代的融合应用，会涉及运营商、虚拟运营商、用户等不同层和不同域的配合，一旦出现安全问题，需要清晰界定安全责任主体。下面具体介绍几种典型的安全风险及应对措施。

- ❑ 切片隔离：如果切片之间的隔离出现问题，则攻击者可能借助某一个切片访问其他切片并借此发起攻击。因此，每个切片都应该具有独立的安全策略，不同切片的资源应相互隔离。当 UE 同时访问多个切片时，运营商应做好切片间的安全隔离。

- ❑ 安全机制：不同切片提供不同的安全能力，如果切片安全级别水平不够，其服务的行业应用将面临安全风险。因此，每个切片应按照应用的安全需求配置特定的安全机制，包括认证方法、凭证类型、控制策略和安全策略等方面。

- ❑ 接入安全：UE 可以基于不同接入技术同时接入网络中的多个网络切片，而且在物联网场景下，终端的种类多且数量大，确保给每个用户正确分配合适的网络切片十分重要。另外，在物联网场景下，传感器和可穿戴设备的连接设备的类型和数量巨大，为了保障每个终端网络切片选择过程的安全性，需要加强终端接入网络交互消息的完整性和机密性保护。

- ❑ 切片通信安全：切片间通信的安全性可能会影响到整个网络切片的功能，甚至会被恶意侵入，达到操纵切片行为方式的目的。因此，需要加强切片间通信安全保护机制，提高切片间接口的安全性。

- ❑ 能力开放接口安全：5G 网络可向垂直行业开放创建和管理网络切片配置的能力，在为开发应用带来便利的同时，也可能导致未授权的第三方利用能力开放接口向网络发起攻击，例如非法访问其他应用，访问和篡改网络数据等。通过对公共能力开放接口进行认证和授权并采用 TLS（传输层安全协议），可保证能力开放接口的安全。

2. 运行安全及其他

5G 依托网络切片技术，能够在统一的物理网络上切分出多个相对独立的逻辑网络，从而实现网络资源按需分配，以及网络能力的灵活动态释放。

通过这种方式，可以使不同的网络切片承载不同类型的业务，使得通信行业的网络服务能力向各行业领域深度延伸，既能满足不同垂直行业差异化的网络服务需求，也能大大降低传统专网建设和运营的成本。因此，网络切片也成为 5G 时代运营商与以 OTT 方式提供业务的公司之间进行业务合作的重要手段。例如，针对远程医疗业务构建低延时、高稳定性的网络切片；针对高清视频业务构建高速传输、低延时的网络切片等。

与传统划分专网的方式不同，采用网络切片的方法划分出的网络切片尽管在逻辑上是一种隔离、定制化、端到端的专用网络，但是其底层仍然共用一套统一的基础设施平台，包括定制化服务器、通用服务器、网络设备、安全设备等。

在这种情况下，若对各网络切片、网络功能等未实施恰当的安全隔离、访问控制和安全防护措施，不仅无法保证网络切片获得相对独立的物理资源和足够的安全能力，还可能导致当某个网络切片受到恶意攻击时，攻击者以该网络切片为基点进而向其他网络切片发起进一步的攻击。

因此，对网络切片而言，其安全隔离技术的实施成为网络切片运行安全保障的重中之重。网络切片运行安全的增强技术包括但不限于以下几个方面。

（1）不同粒度的安全隔离。

对于网络切片的安全隔离，一般从物理隔离层面和逻辑隔离层面两方面实施。

在物理隔离层面，一般指为安全性要求较高的网络切片分配独立的物理资源，如单独的小区、专用的频段、处理器资源、传输专线等。

在逻辑隔离层面，主要通过划分 VLAN（虚拟局域网）、部署防火墙等方式，实现不同粒度和精细度的安全隔离，包括同业务类型网络切片间的安全隔离，相同类型、不同网络切片间的安全隔离，网络切片内部、网络切片内外 NF 间的安全隔离，NF 与用户间的安全隔离，以及网络切片与用户间的安全隔离等（见表 3-1）。

表 3-1　　　　　　　　　　　　　　网络切片安全隔离

隔离粒度	实现方式
网络切片与网络切片	物理隔离，为安全性要求较高的网络切片分配独立的小区、专用频段、处理器资源、传输专线等物理资源
	逻辑隔离，依托 NFV 等虚拟化技术，通过部署 VLAN 隔离切片间的物理资源和逻辑资源
	分权分域的切片管理和编排
	部署物理防火墙、虚拟防火墙
NF 与 NF	安全域划分
	通过网管平台设置黑白名单等访问隔离策略
	部署物理防火墙、虚拟防火墙
NF 与用户	部署物理防火墙、虚拟防火墙
	黑白名单等访问隔离策略
网络切片与用户	部署物理防火墙、虚拟防火墙
	黑白名单等访问隔离策略

（2）访问控制。

与安全隔离类似，网络切片的访问控制也涉及切片间、切片与用户、NF 间等各类主体的访问控制。

当网络切片功能按需开放给第三方时，该网络切片的主认证和授权机制是否合理，第三方的二次认证和授权机制与网络切片的主认证和授权机制间的安全性是否对等,主认证和授权机制中有哪些认证和授权功能可以开放给第三方等都是在网络切片的访问控制中需要考虑的关键问题。因此,需要结合不同的访问主体、访问客体、访问需求以及应用场景特性等制定有针对性的网络切片访问控制策略,以保障访问安全性。

例如,可将网络切片标识符作为访问控制的识别标识符,围绕网络切片标识符制定 UE 能够访问的网络切片清单、访问方式,以及对应网络切片的安全配置级别等,实现对网络切片级别的访问控制;以网络切片的安全配置级别为指导,对有高级别安全需求的访问控制过程使用额外的鉴权或高强度的加密机制;结合 UE 的资源监控机制,当监测发现某 UE 有行为异常或异常资源消耗时,对该 UE 的上线位置、上线时长、上线动作甚至用户组等加以控制,防范恶意 UE 对网络切片实施 DoS 或 DDoS 攻击。

（3）按需的安全能力配置。

网络切片能灵活地提供端到端的可靠性、移动性、时延、计费、策略控制等网络服务能力,在面对不同垂直行业业务和网络的差异化安全需求时,也支持按需的安全能力配置和部署。通过将防火墙、入侵检测、流量清洗、漏洞扫描等通用的、基础的安全能力原语化,依托 SDN/NFV 等技术,将这些安全能力抽象为服务化的、即插即用的、可组合的对象,并通过合理的编排将保障垂直行业应用所需的各种安全能力进行组合,甚至把安全分析人员的作用点、安全流程对业务流程的影响等都纳入编排的要素中,从而为不同类型的垂直行业应用配置按需的网络切片安全能力,如图 3-5 所示。

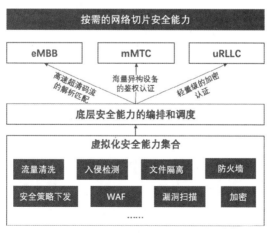

图 3-5　按需的网络切片安全能力配置

例如,在工业互联网这类 uRLLC 应用场景中,管理控制类的业务对于网络的时延、可靠性和同步精度具有很高的要求，一般要求端到端时延达到毫秒级、时延抖动达到微秒级、数据传输成功率达到 99.999%以上、同步精度达到百纳秒级，这样才能最大程度地保障工业现场设备的安全性。因此，选择配置工业互联网业务切片的安全能力时，需要考虑认证、授权、加密等复杂验证环节产生的时间开销，在组合传统入侵防范、恶意程序防范、抗 DDoS 攻击等安全能力的同时，选择部署相对轻量级的认证授权和加密能力，以适应工业互联网应用场景对时延和可靠性的需求。

3.7.3　uRLLC

1.　概述

uRLLC（超可靠低时延通信）拥有广泛的应用场景，涵盖无人驾驶、智能电网、智能手机、智能制造、VR、无人机等多个领域。uRLLC 场景采用冗余信道传输的方式保障服务的高可靠性，典型的解决方案为基于双连接方式的冗余传输，如图 3-6 所示。UE 同时与主基站和辅基站建立传输通道，且主基站与辅基站均与核心网建立隧道进行数据转发，并由数据网络（DN）进行数据去重。

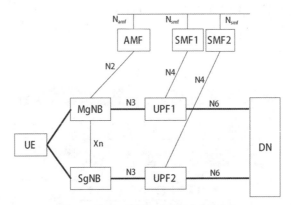

图 3-6　基于双链接方式的冗余传输方案

上述冗余传输方案在保障空口或核心网传输高可靠性的同时，也给 5G 网络带来了新的安全威胁，比如：冗余信道的安全策略执行不一致，将导致冗余信道的安全防护失效；主基站被攻破或故障会导致辅基站也被攻破或无法正常工作等。针对新的威胁，可采用适当的措施进行消减，例如：辅基站与主基站的安全上下文隔离，保障辅基站的安全可靠性；网络侧对于安全策略的选择以及 RAN 侧对安全策略的执行在冗余信道上应保持一致等。

2. 运行安全及其他

近些年，随着数据成为数字经济时代信息的重要载体，网络作为数据的载体承载着个人用户、企业、行业甚至国家的重要信息。

在 3G 和 4G 时代，除了实现基本的语音通信功能，数字信息通信已逐步成为网络的重要业务。到了 5G 时代，网络承载着垂直行业的巨大经济价值，使得 5G 网络 uRLLC 场景下的车联网、工业互联网、远程医疗等应用中蕴含了大量的用户数据以及行业重要数据。这对攻击者来说，意味着发起网络攻击获得经济利益的诱惑会更大。

5G 网络安全事件带来的后果不只是影响可用性的问题。uRLLC 场景中，车联网、工业互联网等典型应用涉及公共及人身安全，一旦发生网络安全事件将危及社会及生命安全，所以要有针对性地部署安全措施。

另外，uRLLC 场景中的业务对时延的要求极其苛刻，因此制定安全策略时需要平衡安全机制所带来的时延影响，在保障 5G 网络 uRLLC 场景性能的同时确保业务安全。

5G 网络 uRLLC 场景业务在实现过程中，采用了网络切片、边缘计算等关键技术，因此在讨论 uRLLC 场景运行安全时，也需要结合 5G 网络关键技术进行考量。uRLLC 场景下的网络安全防护重点可以从以下几个方面考虑。

（1）物理安全。

物理安全方面，可沿用现有针对网络基础设施的看守、巡逻、防盗报警等物理安全保护措施，结合智能监控、智能巡检等智能化技术手段，保障 uRLLC 场景中车联网、工业互联网等应用基础设施的物理安全。

为保障边缘节点安全，运营商可对基础设施实施安全加固，并引入门禁、环境监测控制等安全措施，加强边缘计算设备自身防盗、防破坏方面的结构设计，对设备输入/输出（I/O）接口、调试接口实施权限管理。

（2）网络安全。

接入控制方面，5G 网络的开放性使得 uRLLC 场景中除网络运营商之外，还有车辆、工业、医疗等多种垂直行业应用服务提供商。

网络运营商能够向垂直行业开放 API，并支持通过网络切片的方式部署本地 uRLLC 场景业务应用。为了防范未经授权的用户非法访问 uRLLC 场景业务应用的网络切片、盗取用户隐私数据等安全隐患，需要在部署数据安全防护措施以及建立认证机制进行接入控制的同时对网络服务接口提供安全防护，实施对垂直行业应用服务的认证，提取行业评估机构签发的安全可信的评估结果，通过审查后获取对应服务的访问权限。

具体来说，可以通过增强的密钥推衍机制实施用户面和控制面的机密性、完整性保护，并利用随机数标识抗重放攻击。同时可以采用 EAP 或者二次认证机制，建立行业服务网络与 uRLLC 场景应用主体及用户间的认证机制。比如可以在车联网应用中建立自动驾驶车辆与用户的双向认证机制，或在智能电网应用中建立智能电网用户之间的双向认证机制，确保只有合法用户才能获得路测数据等自动驾驶信息或者抄表服务。与此同时，还可以通过建立封闭访问控制组，保证只有合法用户才能接入。封闭访问控制组也必须是安全的，可以参照 SUCI（用户隐藏标识符）的保护机制或者启动 NAS 安全机制实施封闭访问控制组的保护。

此外，还应对垂直行业应用调用网络服务的全过程进行合规性监测，对越权访问行为进行阻断，网络服务接口安全防护如图 3-7 所示。

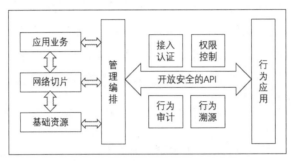

图 3-7　网络服务接口安全防护

uRLLC 场景下服务接口安全防护的具体措施如表 3-2 所示。

表 3-2　　　　　　　　　uRLLC 场景下服务接口安全防护的具体措施

安全措施	说明
认证授权	对接入 uRLLC 场景业务的用户实施身份验证，结合可信评估机构的评估结果，实施授权开放
权限控制	对 uRLLC 场景业务建立权限控制机制，根据访问用户获取的权限进行资源的隔离，阻止攻击及越权访问行为
安全审计	对接入 uRLLC 网络切片的业务应用实施严格的行为实时追踪监测与安全审计，对攻击或越权行为进行告警，为响应处置的策略和决策提供依据
身份管理	为了避免用户终端在连接到不同的本地网络时使用相同的签约凭证而引发安全问题，可采用增强的锚点密钥产生机制。锚点密钥是指由归属网络 AUSF 向服务网络的 SEAF 提供的密钥

攻击应对方面，为了在终端侧避免同一个 5G 本地网络中具有较弱安全策略的用户终端拉低整组的安全性，要求所有用户终端的用户面加密和完整性保护激活状态保持一致。在网络侧建立安全模型和闭环流程，涵盖信息采集的上报、安全策略决策、安全响应与处置等环节。具

体来说包括以下几个方面。

- ❑　针对网络的不同安全域以及逻辑层部署信息采集功能。
- ❑　借助大数据、智能分析等手段,利用安全威胁特征库来分析和识别安全威胁,形成态势感知能力。
- ❑　具备针对发生的安全威胁做出全面、综合、科学的响应决策的能力。
- ❑　研究制定应急响应办法,包括大容量威胁流量清洗、追踪溯源等,实时完成威胁处置,构建起网络动态防御体系。

移动性管理安全方面,5G 网络 uRLLC 场景借助移动边缘计算技术将部分网络功能下沉到网络边缘,通过靠近用户来缩短业务时延和提高资源使用效率,利用边缘节点能够实现部分业务的本地化处理,提供可靠、极致的业务体验。

但与此同时,由于 uRLLC 场景下车联网等应用涉及用户终端越区切换,移动边缘计算应用在低延时通信和服务连续性中所需的信息(如移动终端的身份和网络地址),需要从切换前的网络功能实例传输到目标网络功能实例,因此存在通信中断或者中间人攻击等移动性管理安全风险。为了同步保障跨区切换安全性以及网络低时延,可以在网络功能实例间采用建立安全隧道等方式,使目标切换的网络功能实例在完成用户越区认证后,将切换前网络实例传送过来的网络及业务信息进行对应绑定和切换。

3.7.4　mMTC

1. 概述

物联网是一个基于互联网、传统电信网等信息承载体,使所有能够被独立寻址的普通物理对象实现互联互通的网络。可以预计,物联网将成为下一个万亿元级的信息产业业务。mMTC 是万物互联网络的一个重要分支,具有广覆盖、低速率、低成本、小功耗、大连接等特点。

目前 mMTC 终端按数据传输模式分为两类:非频繁数据传输设备和频繁数据传输设备。其中,非频繁数据传输设备的数据传输频率较低,典型应用如水表、电表等,以一天或者一个月为数据上报周期,目前该类数据通过运营商网络的控制面进行传输。频繁数据传输设备的数据传输频率较高,典型应用如工业互联网、车联网等领域的相关设备,需要频繁上报设备的定位、速度等状态数据,目前该类数据通过运营商网络的数据面进行传输。

mMTC 在为运营商带来海量连接的同时也带来了以下安全威胁。

❑　数据包被攻击者窃取和篡改,导致外部网络无法获取到准确数据。

❑　攻击者控制大量 mMTC 设备,对运营商网络发起 DDoS 攻击,导致运营商网络瘫痪。

❑　复杂的安全机制导致能力有限的 mMTC 终端设备功耗增加,造成其无法正常工作。

针对新的威胁,可采用以下措施降低风险。

❑　对于控制面传输的非频繁小数据包,在保证 mMTC 设备移动性和低功耗的同时,采用 UE 与核心网侧的 NAS(非接入层)安全上下文进行完整性和机密性保护。对于用户面传输的频繁小数据包,则采用 UE 与基站侧的 AS(接入层)安全上下文进行保护,防止 mMTC 数据包在传输过程中被篡改或窃取。

❑　对于 DDoS 攻击,可以在终端侧、接入网侧以及核心网侧进行多层防护,从而保证对非法终端的及时检测和隔离。

❑　优化现有的安全算法、数据传输方式以及数据传输路径,尽可能地降低终端设备的数据处理和传输功耗,延长终端设备使用寿命。

2. 运行安全及其他

随着商用 5G 网络的部署,mMTC 场景支持海量终端连接加速了万物之间的互联互通。5G 时代的用户将会更加依赖智能移动设备。但与此同时,用户对智能设备的普遍依赖会使终端设备对黑客来说更加有利可图。"万物互联"使得联网攻击面扩大,网络遭受攻击的风险大大增加。

物联网设备不像传统计算机和服务器设备已经具有多年的安全防护经验,在物联网初期发展阶段相应的防护措施可能部署不足。并且像智能电表、智能传感器等物联网终端受限于自身计算能力及存储能力,无法采取复杂的安全措施。另外,智能终端系统本身可能存在安全漏洞,导致终端容易遭受非法入侵、数据窃取以及 DDoS 攻击。

由于 5G 网络承载了工业、金融、能源等国家命脉行业的应用和重要数据,因此 5G 物联网终端一旦被攻陷,可能成为攻击者对重要行业网络基础设施发起攻击的跳板。5G 安全风险将给系统可用性带来挑战,影响 5G 网络"万物互联"的蓬勃发展。因此需要通过部署增强安全防护措施与安全机制,保障 5G 网络以及其上承载的行业应用的安全。5G 网络 mMTC 场景下的网络安全防护可以从以下几个方面考虑。

(1)物理安全。

5G 网络 mMTC 场景下物联网、智慧城市等应用涉及三大类智能终端,包括:可穿戴设备、智能家居等消费型物联网终端;智能照明、智能停车等公共型物联网终端;智能传感器等生产型物联网终端，覆盖了城市、农、林、工业等领域和地域范围。那些长期部署在野外、无人值守的物联网终端，容易被盗窃或遭到物理破坏。因此需要评估物联网智能终端基础设施的物理安全，并引入环境监控、门禁等安全措施，配合智能终端自身防盗、防破坏方面的结构设计，保障物理安全。

（2）网络安全。

接入控制方面，通过构建 mMTC 场景网络切片接入控制机制，在用户接入网络时鉴别用户身份，保证只有合法用户才能接入 mMTC 网络切片，防止非法用户接入网络，并阻止不属于 mMTC 切片的用户接入。接入认证过程中，采用用户身份信息保护措施防止合法用户身份标识被冒用，并采用安全机制保护信令交互过程不被窃听和篡改。

攻击应对方面，可采用如 TLS 等标准安全协议，以及防火墙、安全网关等标准过滤技术，或者通过边缘节点建立加密信道保障网络及边缘节点安全。

此外，5G 网络 mMTC 场景支持面向机器的海量连接，而机器的行为模式相对于人来说比较简单，它们的流量模型可以预测，所以可通过在网络切片内部署虚拟物联网网关和态势感知系统，利用网络的各类感知功能收集安全事件，例如安全防护节点上报的威胁信息、路由交换设备上报的流量统计信息、网络编排和管理器上报的拓扑信息，以及 5G 接入和移动性管理功能（AMF）、会话管理功能（SMF）、用户面功能（UPF）等功能实体上报的日志事件，对其进行大数据关联分析。即在大量的安全事件中寻找事件之间的因果关系，通过预先建立的模型对这些安全事件进行分析，分辨其中与网络攻击相关的异常行为，判断网络攻击事件发生的位置，形成攻击事件的整个攻击链条，清晰地展现攻击事件的整个过程和扩散范围。接着利用智能分析技术完成决策，经过安全流量清洗资源池对流量的清洗来完成攻击阻断并防范威胁横向扩散。

身份管理是防范网络安全风险的重要环节，mMTC 场景涉及用户、设备、网络、服务等多种主体。身份管理通过标识技术对 5G 网络 mMTC 场景下接入网络的物联网实体进行唯一标识映射，划分身份标识的不同层次，规定身份标识的生成、签发、发布、验证等流程功能，实现对用户以及设备身份标识的统一管理。身份管理机制将现实世界中的人、设备、应用服务等角色主体向网络空间中的身份进行可信映射，实现网络空间与现实世界身份的可信对应，进而建立多元信任模型。

此外，目前物联网的信任关系依托证书机制，用于用户与服务器和网关等网络设备的身份认证，使用 PKI（Public Key Infrastructure，公钥基础设施）生成并加以管控。在一些安全要求更高的业务应用中，可采用基于硬件的信任锚，如提供基于硬件的可信根和基于特定设备身份保密的可信平台模块，实现身份保密性。

（3）数据安全。

数据安全方面，可采取的安全防护措施有数据库访问控制机制、内容筛选机制、隐私信息保护技术、数据加密技术、信息泄露追踪技术、数据读写操作记录技术、知识产权保护技术以及数据销毁技术等，从而对本地数据及传输数据进行机密性及完整性保护，防止数据被窃取、篡改。

3.7.5　NPN

1.　概述

NPN（非公共网络）重点解决 5G 网络传统业务之外的企业应用，其典型的部署场景包括独立的非公共网络（SNPN）以及公共陆地移动网（PLMN）网络集成的非独立的非公共网络（PNI-NPN）。

NPN 在为企业用户提供极简开户、快速部署的同时，也带来了新的安全威胁，比如：NPN 与 PLMN 之间的信令交互与数据传输被攻击者窃取和篡改，导致用户隐私泄露或服务被非法访问等；攻击者仿冒合法用户身份、非法访问企业服务、窃取企业数据；恶意用户未经授权加入通信群组、对组内用户数据进行窃取和盗用、导致用户隐私泄露以及企业重要数据丢失等。

针对以上威胁，可采用适当的措施进行补救，比如：

- ❑　PLMN 与 NPN 进行互访时的密钥隔离，保证网络之间会话的安全性；
- ❑　PLMN 与 NPN 互通时引入二次认证，增强对非法用户的提前识别，防止大量非法用户的恶意访问对合法用户造成干扰；
- ❑　用户群组对群组内用户进行认证授权，同时保证群组内用户的安全策略保持一致，防止群组被非法访问等。

2.　运行安全及其他

3GPP 在 R16 标准中描绘了 NPN、TSN（时间敏感型网络）、5G-LAN（5G 局域网）等 3 类 5G 时代垂直行业私网组网的典型架构。

其中，NPN 定义了一种垂直行业可深度参与并定制的移动通信网络组网模式。与公共网络架构不同，NPN 主要为工业现场、行业内网等对于安全性、服务质量、隔离性要求较高的特定组织或企业提供 5G 网络服务。具体而言，垂直行业用户可以将自己的业务平台和接入站点链接到运营商的 PLMN，运营商则通过网络切片等形式为垂直行业用户提供网络相关的移动性、会话资源和数据流管理等服务。

5G-ACIA（5G 产业自动化联盟）定义了两种 NPN 部署模式，分别是 NPN 隔离部署模式和 NPN 互通部署模式。在 NPN 隔离部署模式中，NPN 与公共网络完全隔离，独立运行，仅可通过唯一可选的网络连接与公共网络互联。在 NPN 互通部署模式中，NPN 与公共网络间存在一个或多个互联点以及共用基础设施等，如共享 RAN、共享 RAN 和控制面、在公共网络中划分 NPN 等都是典型的互通部署模式。

对 NPN 而言，由于更多的是面向垂直行业内部的网络，需要使用 NPN 的企业也可以选择更大程度地掌握网络和服务的运营，成为实质上的 5G 网络基础设施运营商。

与传统的公共网络相比，NPN 在应用边界防御、内外部认证、隔离与加密等安全增强技术时，将尤其注重对其隔离性、保密性和网络运行稳定性等方面安全需求的满足，具体包括以下几个方面。

（1）威胁建模和全局安全策略部署。

传统公共网络主要由运营商负责统一建设、运行和管理。在运营商的统一管控之下，往往可以建立相对统一的管理策略和明确的威胁模型。NPN 与公共网络相对隔离，且更贴近行业应用场景，涉及更多类型的终端（大型工业现场设备、传统网络设备、海量传感器设备等）和用户（行业管理用户、产线作业用户等）。

因此，NPN 安全运行的首要任务是需建立具有行业特性、应用场景特性的威胁模型，进而制定针对场景化威胁模型的全局安全策略，并根据 NPN 的部署模式，与公共网络侧安全策略实现高度的对接和互通，以最大程度地降低安全管理开销，提高不同网络间的互操作性，并保障 NPN 的运行安全。

例如，在面向重要工业基础设施的 NPN 制定全局安全策略时，可在充分考虑企业侧安全需求和公共网络侧安全需求互通的前提下，通过全面的资产梳理、网络特征提取和资产价值排序，将网络按业务特性和网络属性进一步划分为不同区域，并对不同区域采用具有不同安全属性的网络切片以提供差异化的安全能力。对于业务时延和安全性要求较高的工业互联网现场生产网络等应用场景，需配置切片安全隔离等级更高、切片接入控制更严格的安全能力，并通过分配专用频段、专用处理资源、专线传输等策略保障安全传输的要求，如图 3-8 所示。

（2）安全隔离。

不论是在隔离部署模式中还是互通部署模式中，隔离性都是 NPN 安全运行的重要诉求之一。

在隔离部署模式中，NPN 与公共网络间仅通过防火墙建立唯一的可选网络连接，外部的所有连接都需要通过配置适当的防火墙策略，以实现隔离的目的。

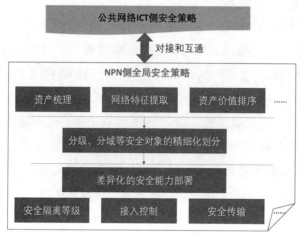

图 3-8　NPN 全局安全策略部署

在互通部署模式中，除可选网络连接的隔离外，NPN 和公共网络在共享部分 RAN 的同时，也需要保障其他网络功能的隔离。在这种情况下，需要依靠网络切片或 APN（接入点名称）等技术，通过预先划分好的切片或者预先配置的接入点参数实现流量的区分，并进行不同粒度和精细度的隔离，包括切片粒度的安全隔离（采用物理隔离、逻辑隔离等方案，为不同切片分配差异化的物理和逻辑资源，通过分级、分域等方式实现切片管理和编排的隔离，保障不同切片之间的安全问题不会互相影响和蔓延）、网络功能粒度的安全隔离（对不同的网络功能根据安全级别的要求和信任关系的界定，进行安全域的划分和隔离，并通过设置黑白名单等防护机制对访问进行控制，限制非法访问）、切片与用户的隔离（在切片和终端用户、行业应用间部署虚拟或物理防火墙，部署接入认证和访问控制等机制，或设置特定的访问策略）等。

（3）基础设施安全加固。

NPN 设备、终端设备等在时间敏感性、移动性、处理能力等方面都具有较大的差别，因此对不同类别设备安全加固方案的灵活性和定制化程度要求更高，包括设备 I/O 接口的安全加固、调试接口的控制，并涉及操作系统、软件、硬件等层面的核验等。

此外，在不同的 NPN 部署模式中，NPN 设备可能不同程度地连接到公共网络和相关服务，还需要依靠 USIM、本地管理的 NPN 证书等实现 NPN 设备的认证、授权和访问控制。

（4）数据保护。

大部分选择部署 NPN 的行业用户都对其业务和运行数据的保护有着较高的安全需求，此需求也将贯穿数据的存储、处理、传输等生命周期的关键环节，指导各类数据保护安全增强技术的部署。

例如，选择具有数据机密性和完整性保护的加密算法；充分利用 PKI、TLS、IPSec 等实施认证授权与传输加密；对 NPN 和 PLMN 之间的访问实施认证和二次认证；将 NPN 中的敏感数据隔离到本地进行处理和存储，从而确保对过程和生产相关数据的完全隐私保护等。

第 4 章　5G 业务安全

　　5G 网络将从传统的个人移动信息服务领域，渗透到工业互联网、物联网以及车联网等更广阔的领域，并深入到社会生活、生产的方方面面。5G 网络也将与交通、金融、安防、能源、电力等多个行业应用深度融合，负责承载和传输这些行业应用的一些关键数据。由此可见，5G 网络的安全风险影响的不仅是个人通信的安全，还有与之相连接的各种应用系统以及系统数据的安全。另外，5G 融合应用业务发展模式尚不明朗，未知大于已知，其带来的风险可能在相当长一段时间之后才会逐步显现。

　　5G 时代，融合创新应用进入爆发期，各类融合应用业务发展模式可能带来新的安全问题，给信息安全风险管控增加了难度，下面针对 5G 应用三大场景分别进行描述。

4.1　eMBB

　　在 eMBB（enhanced Mobile Broadband，增强型移动宽带）场景下，高码率音视频的传播和下载更为便利，同时，违法和有害信息传播的媒体形式更加多样化，新媒体内容监测和识别难度加大，海量多样化终端设备为违法和有害信息的传播与扩散提供了便利，从而增加了管控违法有害信息的难度。另外，相关应用将会记录更多的用户身份、位置、身体行为等隐私数据，对 5G 网络在用户数据采集、处理和传输中的机密性、完整性和隐私保护提出了更高的要求。

4.1.1　eMBB 业务安全威胁概述

　　ITU-R（国际电信联盟无线电通信部门）在 2015 年定义了 5G 网络 eMBB 的应用场景，即主要面向高速率、大流量移动宽带业务，如超高清视频、在线直播、VR/AR 游戏等，旨在现有业务场景的基础上，为用户带来速率、时延、稳定性等业务性能的进一步提升。

具体来说，一方面，eMBB 要求在连续广域覆盖的情况下，既满足用户移动性和业务连续性的基本需求，还能保障用户随时随地可获得 100Mbit/s 以上的体验速率；另一方面，在热点覆盖的情况下，能够为用户提供极高的数据传输速率，满足对网络提出的极高的流量密度需求。

根据 ITU-R 的定义，eMBB 类应用将成为第一批典型的 5G 应用，其业务核心在于为个人或行业用户提供身临其境的多媒体业务，是一种对高速传输和广域覆盖有高要求的数据驱动型5G 应用场景。

与传统的移动互联网业务相比，5G 网络 eMBB 业务的最大特点就是需支持更稳定的高速大容量业务，这一目标将通过结合网络切片、移动边缘计算等技术实现。例如，依据个人娱乐类、公共服务类等业务属性和安全保护等级，为业务划分专用的网络切片；通过将部分用户数据处理业务下沉到边缘侧，实现用户业务的本地化处理，从而减少大容量数据回传核心网处理的时延，提高用户体验速率等，如图 4-1 所示。

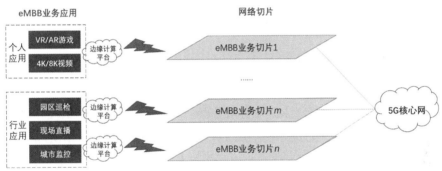

图 4-1 5G 网络 eMBB 业务场景

因此，从业务模式上看，5G 网络 eMBB 场景面临在终端设备、边缘计算平台、网络切片等业务链条关键环节引入的安全威胁，主要涉及以下几个方面。

1. 多样化的 eMBB 终端设备面临的攻击入侵威胁

eMBB 场景中使用的 5G 终端设备类型、能力和用途千差万别。例如，有用于音视频信息采集的 AR/VR 穿戴式终端、城市监控设备、无人机终端、智能机器人等，用于用户交互的手机、笔记本电脑、平板电脑、智能大屏等，以及用于建立无线网络连接的 CPE（客户端设备）等。

通常情况下，除传统的笔记本电脑等智能终端外，大部分 eMBB 终端由于功能所限，其存储、计算和安全防护能力相对较弱，易由于弱口令漏洞、认证机制缺陷等引发攻击入侵威胁，如表 4-1 所示。

表 4-1　　　　　　　　　　5G 网络 eMBB 场景多样化终端面临的攻击入侵威胁

安全威胁	影响
利用终端应用安全漏洞的入侵	5G 网络 eMBB 场景中,终端将承载更为开放的应用生态。第三方开发提供的各类 VR/AR、高清直播、游戏娱乐等应用可能成为攻击者的攻击目标,例如攻击者可能对 eMBB 应用进行逆向分析,发现应用对终端未经验证的调用、鉴权缺陷等安全漏洞并加以利用。一方面,可利用相关漏洞接管 VR/AR 设备,操纵用户在 VR/AR 设备中看到的内容;另一方面,也可利用相关漏洞对承载 eMBB 应用内容和各类控制功能的后方平台发起攻击
利用终端设备防护缺陷的入侵	不同类型的 eMBB 终端安全防护能力各异。例如,部分终端设备对于登录用户的认证机制设置简单,攻击者可通过暴力破解、重放攻击等攻击方式,获取终端设备控制权限,进而修改终端设备默认配置、行为模式等。或是在智能化程度较低的终端设备上,难以部署高复杂度的公/私钥认证机制、复杂流量解析手段等,导致终端设备面临认证机制被破解、流量攻击等风险
利用终端设备控制机制横向渗透	在 eMBB 场景中,常常需要将数台同类型终端设备互联互通,以完成大范围现场作业任务,如生产车间不同区域的同步巡检。在这种情况下,攻击者实行对某台终端设备的破解控制后,可通过逆向分析、行为分析等手段分析设备间的控制指令和协同标识,进而分析设备防重放参数、设备标识规律等,利用相关漏洞达到横向控制大量同类终端的目的
利用设备硬件调试接口的入侵	多数 eMBB 设备在设计和研发时需要为设备预留高权限的硬件调试接口。完成相关研发测试后,在设备正式投入市场前,对相应的接口进行封锁,以防止相关接口被发现和恶意利用;若存在未恰当处理的硬件调试接口,攻击者可借助物理分析仪器,从硬件组件、芯片等层面对调试接口数据进行分析,进而入侵设备文件系统底层,获取设备控制权限

2. MEC 平台开放化带来的安全威胁

为满足高速、大流量业务处理需求,eMBB 场景中常引入 MEC 平台在网络边缘、靠近用户的位置上提供 IT 的服务、环境和云计算的能力。

与传统网络需要很多级才能接入到业务服务器不同,在基于 MEC 部署的网络中,核心网的控制能力和计算能力都可下沉到网络边缘。基于 MEC 的开放接口,eMBB 应用开发商可以充分利用运营商的 MEC 平台,获得移动通信网络的本地分流能力、位置信息、QoS 能力、网络拥塞和吞吐量信息、计费能力等,提供精准化、高价值、智能化的服务能力。

在这种服务模式下,eMBB 场景也将面临 MEC 平台开放化带来的新的安全问题。例如,开放的应用编程接口增加了从第三方应用引入安全风险的可能,需考虑第三方应用的安全漏洞、恶意代码捆绑等问题;MEC 平台的开放数据涉及用户数据、无线网和核心网网络信息等,需要更为精细化的针对不同级别的认证、授权、监控等安全控制;MEC 平台自身的安全能力需支持针对多租户需求的统一配置和编排,以满足虚拟化环境中的安全按需服务等。

3. 使用网络切片引入的新安全风险点

为了给不同类型的 eMBB 业务灵活、动态地分配所需的网络资源,eMBB 场景中可引入网络切片技术,在统一的基础设施平台上为不同业务提供逻辑隔离、定制化、端到端的网络,从而降低为每类业务建立一个专用网络的成本开销。

当网络切片功能按需开放给第三方时，网络切片的主认证和授权机制与第三方的二次认证和授权机制之间的安全性是否对等；哪些认证和授权功能可以开放给第三方，这些都可能成为风险点。此外，若未采取恰当的安全隔离机制，当某个网络切片受到恶意攻击时，则攻击者可能以此切片为基点，攻击其他目标切片。

4. 密集组网环境下的接入认证安全风险

与传统移动互联网场景相比，eMBB 场景除具备大容量的特点外，还支持高频段、高带宽和高传输速率，是典型的热点高容量场景。

在类似场景中，考虑到大量部署宏基站会带来高昂的基站建设和运营成本，常使用宏基站与微基站联合部署的超密集宏微异构组网方式，在满足高流量密度、高峰值速率和用户体验速率的性能指标要求的前提下，尽可能地降低建设和运营成本。

在这种情况下，攻击者可以通过伪基站、中间人攻击，或是对 5G 网络到 4G 网络的信息进行降维攻击，以达到干扰通信、窃取和仿冒用户信息等目的。

5. 多终端形态增加了数据泄露的风险点

eMBB 场景中，VR/AR 头盔、体感设备、4K/8K 摄像头等形态各异的终端可作为新型数据采集终端，不断拓宽传统互联网或物联网场景下数据采集的范畴，将涉及更大体量的数据量和更多类型的用户个人信息，如用户视频信息、业务信息、个人身份等，无形中增加了数据和用户个人信息泄露的风险点，如表 4-2 所示。

表 4-2　　　　　　　　　　5G eMBB 场景可能涉及的数据和用户信息类型

数据类型	具体类别
网络数据	网络标识、网络位置信息、QoS 信息、网络拥塞信息、吞吐量信息、计费信息、网络使用情况等
业务数据	认证鉴权信息、登录退出信息、业务使用行为统计数据、业务内容数据、设备标识符等
个人信息	用户身份信息（身份证号、年龄、住址等）、生物识别信息（人脸、指纹、声纹、虹膜、心跳等）、行为信息（睡眠时间、锻炼情况、体征变化等）

4.1.2　典型 eMBB 业务安全风险分析

作为继数字化媒体、高清化媒体之后的新一代媒体技术，4K/8K 超高清视频要求基础通信网络对于大流量、高速率、高带宽的业务有着良好的承载能力，4G 网络显然已无法满足业务对于网络流量、存储空间和回传时延等指标的要求。美国 Verizon、韩国 SK Telecom 等全球主流运营商都已开始将超高清视频直播等业务作为首批落地的 5G 网络 eMBB 业务并加快部署，超高清视频直播业务也被业界认为将是 5G 网络最早实现商用的核心场景之一，如图 4-2 所示。

图 4-2　5G 超高清视频直播业务场景

典型的 5G 超高清视频直播业务一般面向媒体行业（电视台、报业集团新媒体部门等），由专人或专用设备负责在新闻事件、体育赛事等现场进行音视频采集和信号回传，经由边缘计算平台或云端的流媒体服务器进行存储、分流等处理后，生成媒体内容进行直播或新媒体交互。在整个业务链条中，涉及来自 5G 业务场景、5G 系统架构、5G 终端、5G 业务数据等方面的安全风险，具体表现在以下几个方面。

1. eMBB 业务场景安全风险

一般情况下，5G 网络 eMBB 业务主要面向媒体行业，由专人负责现场操作音视频采集的终端设备，进行业务内容采集和信号回传。应用场景属于 toB（to Business，面向企业用户）的服务类场景，用户主要为 B 端用户，包括电视台、报业集团新媒体部门等。用户属性较为单一，且涉及的数据主要是现场的音视频信息。业务数据类型也较为单一，一般较少涉及用户个人信息等敏感数据。

因此，与 toC（to Customer，面向个人用户）的公众服务类场景相比，toB 业务属性风险相对可控。可依实际应用场景需求，在新闻事件、体育赛事等大小不一的直播现场，配备少至一个、多至数十甚至上百个的固定和移动点位采集终端。尽管一般情况下使用规模较小，范围相对可控，但由于场景具备一定的移动性，仍可能面临来自非授权人员物理攻击的安全风险。

2. 5G 系统架构安全风险

5G 系统架构安全风险主要涉及边缘计算平台安全风险、虚拟化平台安全风险以及网络切片安全风险等。

在边缘计算平台安全风险方面，主要涉及开放的 MEC 平台带来的安全风险，包括 MEC 平台安全漏洞、第三方应用的安全漏洞、恶意代码捆绑等。

在虚拟化平台安全风险方面，超高清视频业务部署的虚拟化管理平台、媒体信息处理平台等需防范平台接入安全风险，尤其是因平台漏洞、设计逻辑缺陷等引发的劫持用户会话、垂直越权操作等攻击，可能导致攻击者在虚拟化环境下突破传统物理隔离防线，非法访问内网服务资源等攻击后果。

在网络切片安全风险方面，5G 超高清视频业务在人流密集等情况下，可能存在分类传输、优先传输等客观需求，不排除基于 5G 网络能力开放功能为特定客户灵活开放独享带宽、接口或开放订购功能等，此时需要防范因网络切片或切片上的网络功能隔离不当、访问控制和安全防护措施部署不当引发的安全威胁。

3. 超高清视频业务终端安全风险

5G 超高清视频业务中涉及的终端包括采集摄录终端、编辑处理终端、传播输出终端和呈现终端等。

总体看来，我国有部分企业已初步具备自主设计和制造各类终端的能力，并推出了产业化产品，例如 4K 影视节目摄像机、4K 视频后期制作设备、数字音频编解码技术标准等。但在 CMOS（互补金属氧化物半导体）、CPU、GPU 等核心芯片及第三方组件等方面，仍有部分国外厂商和第三方厂商的情况，需防范因安全设计不当、安全测试不充分等遗留安全风险，以及在相关设备组件中存在的未知漏洞后门等安全风险。

此外，相关终端也应具备与管理后台等虚拟化平台间的双向鉴权机制，以及信源加密、信道加密等可选安全能力，以防范攻击者从分链路截获的信息中获取传输数据、窃听用户和设备鉴权信息等攻击行为。

4. 超高清视频业务数据安全风险

在数据采集环节，5G 超高清视频业务采集数据主要为公共场合音频、视频信息，采集对象类型较为单一，不直接涉及用户隐私数据，且一般通过音视频专用采集设备采集，采集后将相关音视频信号通过专用接口接入背包，采集和接入方式相对固化封闭，安全风险相对可控。

在数据传输环节，采集数据在前方采集设备和后方服务器之间采用无线或有线的方式一对一传输，在传输过程中需防范攻击者窃取攻击传输信道的数据，以及前方设备与后方平台间的认证鉴权安全隐患。

在数据存储环节，超高清视频业务涉及的存储数据包括采集的信号、视频、用户账号信息（企业账号和个人账号信息）、采集设备运行数据（设备基本信息、运行环境、传输视频规格、中转路径、传输质量、用户操作触发事件）等，在存储时需注意各类数据的分类、分级存储，隔离存储以及防范敏感数据泄露风险。

在数据销毁环节，需防范因数据销毁措施不当而导致的敏感信息泄露风险，如因存在安全或测试文件未删除漏洞，导致未删除的安装、调试或测试页面遗留用户不应访问的系统敏感信息，攻击者可通过截取这些敏感信息后，对 5G 超高清视频业务的虚拟化架构、终端等实施进一步的攻击。

4.1.3　eMBB 业务安全风险应对

5G 网络 eMBB 场景作为运营商当前最主要的 5G 应用商业场景，在业务中涉及与传统应用场景相比更具移动性的场景、更多样化的终端、更大的数据量、更长的信息处理链条和更多类型的用户信息。此外，5G 网络在向着虚拟化、开放化架构演进的过程中，也不断带来新的安全需求。

因此，对于 5G 网络 eMBB 业务的安全防护需统筹网络新架构和业务新特性引发的新安全需求，5G 业务安全防护需要与 5G 业务发展同步，在落实基本安全防护要求的基础上，把握安全防护重心，充分顾及不同终端、不同业务模块间的差异化安全需求，构建智能化、弹性化的安全能力，具体如下。

- ❑ 虚拟化平台安全是 5G 业务安全的核心堡垒。SDN/NFV 等虚拟化技术赋予了 5G 控制与转发分离、软硬件解耦等新特性，实现了硬件通用化、软件模块化的按需服务，也改变了传统网络中基于功能网元物理隔离的保护方式。网络配置、网络服务控制、网络安全服务部署等管理功能高度集于 SDN/NFV 的控制面上，使得控制面成为了 5G 网络控制的"大脑中枢"，也成为了攻击者对 5G 网络和业务展开攻击的首选目标，需要构建包括容器安全管理、VNF 安全防护、SDN 控制器安全防护、NFV 基础架构安全防护等由点及面的虚拟化安全防护体系。

- ❑ 需通过云边协同构筑从核心到边缘的安全防线。5G 网络充分利用云化技术部署集中化、大区化的核心网，并采用边缘计算等技术将核心网控制功能下沉至网络边缘，以实现 eMBB 场景的低时延通信保障，因此也带来了云端和边缘的安全协同以及将安全特性和功能直接嵌入边缘的安全新需求，以充分保障云平台、边缘计算平台、接入终端和应用安全，实现从核心到多访问边缘的全程访问保护。

- ❑ "智安全"将成为提高 5G 业务安全保障能力的关键。5G 网络 eMBB 业务安全需要对海量网络流量元数据、企业运营日志数据、外部威胁情报等多源信息进行全面整合和深度关联分析，也需要对设备鉴权、信源加密、安全传输、入侵检测、抗 DDoS攻击等多样化的安全防护策略进行有机整合和智能调度，以构建更为主动智能的 5G业务安全威胁监测处置和安全防御体系。

以超高清视频业务场景为例，为应对 5G 超高清视频直播业务可能面临的安全风险，可以构建覆盖业务场景、系统架构、终端和业务数据安全等的 5G 安全应对机制，如图 4-3 所示。

具体应对举措如下所示。

（1）eMBB 业务场景安全应对。

如前所述，目前 5G 网络 eMBB 业务主要以 toB 的直播类场景为主，与 toC 的公众服务类场景相比，其业务属性风险相对可控。但针对业务场景中可能面临的来自非授权人员的物理攻击等安全风险，仍需从管理方面加强应对，包括按照相应的安全监管要求和企业内部安全管理制度，实施对于账号口令管理、个人信息管理、信息对接同步等方面的安全管理流程；配置合理的安全管理人员，负责管理、协调和落实安全防护措施；对系统和平台的安全运维和安全增值服务等实施严格的安全管理措施等。

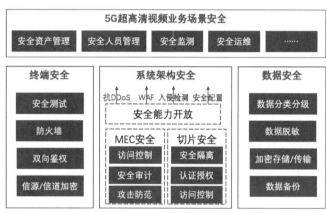

图 4-3　5G 超高清视频直播业务场景安全应对

（2）5G 系统架构安全应对。

在边缘计算平台安全应对方面，需对入驻的边缘计算应用实施统一的安全管理，并与核心网、其他边缘计算平台之间的安全策略实现协同联动，制定租户与应用、应用与应用、应用与网元等之间的访问控制策略，严格限制各主体资源的读取、写入等访问权限。同时对应用能够调用的网络能力实行分级管理，在认证、授权、监控等方面进行控制，把控授权粒度和计量手段，避免过度授权和权限滥用等，对边缘应用的入网、升级、下线等进行全流程的管理和控制，保证边缘应用的所有操作可以被审计。

在网络切片安全应对方面，对安全性要求不同的切片实施不同粒度的安全隔离，配置切片间、切片与用户、网络功能间的访问控制机制，对切片以及可能涉及的第三方使用安全性对等的认证授权机制，并对有更高安全需求的访问控制过程使用额外的鉴权或高强度的加密机制等。

在安全能力开放方面，根据业务场景特定的网络安全需求，将通用基础安全能力虚拟化、服务化，并按需编排使用，以满足不同应用之间特定的业务安全保障能力需求。

（3）超高清视频业务终端安全应对。

对用户而言，终端是 5G 超高清视频业务安全保护的起点，终端设备的安全能力必须匹配业务的安全需求。因此，对于采集摄录、编辑处理、传播输出等各类终端，一方面，需从设计、开发、测试、生产、运输等供应链各环节加强安全管控，以防范未知漏洞后门等安全风险；另一方面，终端自身也需要支持统一的认证框架、安全上下文共享，以及认证鉴权、安全加密、防火墙等基础安全能力。

例如，巡检机器人是用于园区巡检的 5G 超高清视频业务中常使用的一类采集摄录终端，为提升巡检机器人终端的入侵防范能力，常部署签名、认证等技术对使用巡检应用的登录用户进行身份标识和鉴别；部署访问控制功能，依据业务安全策略控制用户对应用中不同类别数据的访问；部署应用防火墙以防御 DDoS 等外部攻击；部署恶意代码检测等技术手段对终端的操作系统、软件进行防护等。

（4）超高清视频业务数据安全应对。

在数据采集环节，对采集设备的输入输出接口实行软硬件校验，以防止非法操作。在需要对采集数据的真实性和完整性进行校验的应用场景下，可结合元数据管理、数据分类分级等手段，识别并剔除虚假数据、恶意数据。

在数据传输环节，采取接口鉴权等机制，验证传输双方的合法性，部署信源加密、信道加密等加密手段，保障传输过程的机密性和完整性。

在数据存储环节，对采集的音视频信息、用户账号信息、采集设备和业务运行数据实行分类分级存储，对敏感数据采取加密存储和脱敏存储等手段，部署访问控制、数据隔离以及恰当的数据备份和恢复措施。

在数据销毁环节，对数据分析平台、数据存储平台等制定数据销毁策略，定期进行数据擦除，及时删除残留的安装、调试、测试页面及数据迁移遗留信息等。

4.2　uRLLC

uRLLC 场景是 5G 网络的三大应用场景之一，典型应用包括工业互联网、车联网等，涉及领域有工厂自动化（运动控制、控制到控制通信）、远程驾驶和电力分配（智能电网）等。这些领域相比于传统语音、短消息业务，对网络时延和可靠性提出了更高的需求，例如远程驾驶要求在 3ms 用户面时延下的可靠性达到 99.999%，电力分配系统要求用户面时延不超过 2ms

的条件下的可靠性达到 99.9999%，工厂自动化应用要求时延不超过 1ms 的条件下实现99.9999%的可靠性，如图 4-4 所示。

图 4-4　uRLLC 场景典型应用时延要求

以上数据意味着这些业务领域对时延的要求非常严苛，而且对安全可靠的要求极高。总体来说，网络要在 1ms 的用户面时延内达到 99.999%的可靠性，而现有 4G 网络的时延和可靠性均难以满足要求，因此 5G 网络中提出 uRLLC 场景，并在 3GPP 中研究了若干技术方案，在降低网络时延的同时提高网络可靠性。

表 4-3 展示了 3GPP 关于 uRLLC 场景可靠性和时延的研究进展情况。其中，3GPP 在 TR38.913 标准中对 uRLLC 的时延和可靠性方面的指标进行了定义。

表 4-3　　　　　　　　uRLLC 在 3GPP 中关于可靠性和时延研究的进展情况

类别	R15 阶段	R16 阶段
低时延	支持更灵活的帧结构	支持免授权机制
	支持更灵活的调度单位	支持 UE 内优先级和复用机制
	支持 uRLLC 高优先级传输	支持时间敏感网络和 5G 网络融合
	引入移动边缘计算	
高可靠	支持 PDCP	支持 PDCP 复制增强机制
	支持分集技术	支持多连接机制
	支持多 TRP（发射和接收点）传输机制	支持多 TRP 传输方式
	支持更小负载 DCI（下行链路控制信息）设计	

时延是指成功传送应用层 IP 数据包或消息所花费的时间，具体是从发送方 5G 无线协议层入口点，经由 5G 无线传输，到接收方 5G 无线协议层出口点的时间。定义用户面上下行时延目标均是 0.5ms。定义可靠性为在特定时延内传送 X 字节数据包的成功率。

这里的时延是指在特定信道质量条件下（如覆盖边缘），从一端 L2/3 SDU（服务数据单元）入口到无线接口协议层的另一端的 L2/3 SDU 出口间传送小包的时延。通常情况下 uRLLC 一次传送的可靠性要求为用户面时延 1ms 内，传送 32 字节包的可靠性达到 99.999%。

当前，uRLLC 场景要求端到端的超低时延及高可靠性，涉及网络物理层以及其上的高层协议优化改造，而目前对于 uRLLC 场景系统尚无较好的跨层建模方法、分析范式和设计工具，导致 5G 网络 uRLLC 场景系统设计还处于研究阶段。这意味着针对 uRLLC 场景协议的安全性将会随着系统设计的研究进程逐步发展，目前仍是一个较为开放的问题。与此同时，uRLLC 场景本身苛刻的时延要求限制了安全机制的部署，给网络带来了一定程度上的安全风险。

4.2.1　uRLLC 业务安全威胁概述

uRLLC 场景下车联网、工业互联网、远程医疗等业务应用对时延要求较为苛刻，为了降低时延，部署的安全机制不能过于复杂，加解密的密钥位数不能过多。但 uRLLC 场景业务应用的安全关乎生产生活质量甚至生命安全。如果网络安全防护能力不足，则会给网络攻击者留下可乘之机，因此需要寻求 uRLLC 场景下网络性能与安全性之间的平衡点。uRLLC 场景下安全风险如下所述。

1. 时延要求使得高级别安全机制部署受限

从安全角度来看，网络中采用的各种安全机制，例如业务接入过程身份认证、数据传输安全保护、终端移动过程安全上下文切换，以及数据在网络节点中加解密等环节均会带来一定程度上的时延。另外，随着安全机制的保护级别提升，认证流程将涉及更长的认证向量，以及更严格的校验机制，加解密的密钥长度更长，安全措施所消耗的时延将会增加。

因此，为满足 5G 网络 uRLLC 场景超低时延需求，需要对网络端到端传输的各个环节进行一系列安全机制的优化以降低时延，但与此同时将会带来高级别安全机制部署受限的问题，进而使得网络抗攻击能力受到一定程度的限制。

此外，5G 网络 uRLLC 场景下车联网、工业互联网、远程医疗等应用本身都关乎人身安全和高额经济利益，一旦出现网络安全事件，不仅会影响网络可用性，甚至还会威胁人身安全和社会稳定，后果可能非常严重。

2. UPF 下沉到网络边缘带来易被攻击的安全风险

5G 网络为降低时延，采用 CP/UP（控制面/用户面）分离的架构，将 UPF 下沉部署以降低网络时延，如图 4-5 所示。

首先是边界安全风险，UPF 下沉后，运营商网络接口下沉，更易受到网络攻击，进而影响核心网安全。其次是数据安全威胁，UPF 承载了路由和计费功能，涉及敏感数据。随着 UPF

的下沉，一些核心用户数据、系统数据也会同步下沉到网络边缘，使敏感数据面临被窃取、篡改等安全风险。

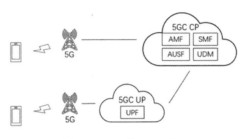

图 4-5　5G 网络 UPF 下沉

此外，UPF 部署到边缘机房后，使攻击者更容易接触到边缘网络基础设施，加上边缘机房的安全防护能力不如核心机房，容易遭到物理入侵。

3. uRLLC 场景下的网络切片面临安全风险

5G 采用网络切片，为不同应用场景提供网络功能灵活定制功能，但与此同时，网络切片在安全方面面临非法访问、资源滥用等安全风险。

首先，不同网络切片共享物理资源，并不完全独立运行或被物理隔离，攻击者能够通过破解其他网络切片的虚拟机代码，进而获取 uRLLC 场景业务应用的网络切片代码运行规律，从而发起旁路攻击，非法访问网络切片窃取应用数据。

其次，攻击者可能利用用户终端向网络切片发起 DDoS 攻击，窃取用户数据的同时过度消耗网络切片资源，影响网络切片正常运行。

最后，一旦其他网络切片遭受攻击失去控制权，网络切片的基础设施共享机制可能导致其他网络切片侵占 uRLLC 网络切片资源，或是作为跳板攻击 uRLLC 网络切片，威胁网络正常运行。

4. 接口安全风险

相比于 4G 网络，5G 网络中加入了虚拟运营商、服务提供商等多种主体，并且服务与网络间直接交互。5G 网络的开放性构造了网络运营的新模式，如图 4-6 所示。

5G 网络在 uRLLC 场景下向车辆、工业、医疗等领域提供开放接口，为垂直行业提供网络服务，但也在无形中为攻击者打开了网络入侵的大门。如果非授权的第三方非法获取了网络的访问接口，则很有可能会发起网络攻击。如果第三方应用能够随意调用应用程序接口，则可能导致网络的重要数据被窃取和篡改。

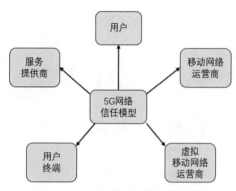

图 4-6　5G 网络信任模型涉及的主体

4.2.2　典型 uRLLC 应用安全风险分析

uRLLC 场景典型应用包括车联网、工业互联网和远程医疗等，这些应用借助 uRLLC 场景低时延与高可靠的特性，弥补之前由于网络时延较高导致的通信方面的短板，将在 5G 时代迎来高速发展。

车联网作为 uRLLC 场景的典型业务之一，依托 5G 网络更低的时延以及更高的可靠性，加速推进车—车、车—路、车—云、车—人通信的进一步发展，5G 网络车联网系统拥有新的系统组成以及新的通信场景。随着智能汽车联网程度的进一步提高，车联网系统安全性及用户隐私保护方面有了更高的需求，也面临着更大的挑战。

5G 网络车联网系统大致可以划分为车联网终端、车联网通信网络与车联网平台 3 大部分。

车联网终端包含智能网联汽车、个人移动设备（手机、平板电脑等）以及路侧基础设施（智能交通灯、智能传感器等）。其中汽车终端集成了导航、移动办公、车辆控制、辅助驾驶等功能，为用户提供驾驶辅助与高级服务。但与此同时，由于车辆终端扮演着重要角色，使其更容易成为黑客攻击的主要目标，因此面临数据泄露、车辆失控等重大安全问题，一旦发生安全事件，将威胁人身安全。路侧基础设施作为车联网系统的重要单元，它的安全关系到车辆、行人和道路交通的整体安全，面临着非法接入、运行环境风险、设备漏洞、远程升级风险和部署维护风险。

5G 车联网通信网络在蜂窝网络通信场景下继承了 5G 网络的安全风险，还面临着虚假信息、假冒终端、数据篡改和隐私泄露等用户面的安全风险。

5G 车联网中基于云平台的应用以蜂窝网通信为基础，继承了"云、管、端"模式现有的安全风险，包括假冒用户、假冒业务服务器、非授权访问、数据安全等。

在工业互联网应用中，传统工业系统安全局限于强调可靠性、连续性、安全生产等功能安全和物理安全，对于网络安全的防护能力不足。工业互联网中部署了大量传感器，且保持长期在线状态，更容易遭到网络攻击。除此之外，工厂内部原本不联网或相对封闭的网络连接到互联网上，将带来严重的网络攻击安全风险，其带来的后果要比消费互联网安全事件严重得多，将会危及公共服务安全甚至是生命安全。

5G 网络进一步加速工业互联网 IT 与 OT 的融合，推动工厂自动化向实时控制的方向转变。与此同时，网络攻击也将由 IT 层向原本封闭的 OT 层渗透，而且工业互联网安全机制并不完善，攻击带来的安全风险将进一步提高。

在此基础上，原来工业系统大多采用专用网络协议，封闭性较好，随着工厂设备联网率的上升，网络协议向以太网/IP 协议演进，降低了网络攻击难度，加上工业系统部分设备性能有限，难以抵挡规模性的网络攻击。例如目前在使用的 10Mbit/s、100Mbit/s 工业以太交换机性能较低，难以抵抗广播风暴等网络攻击。

uRLLC 场景工业互联网应用面临的安全威胁与挑战如表 4-4 所示。当前，5G 网络 uRLLC 场景业务应用仍处于起步阶段，安全风险呈现动态演进、持续变化的特点，对经济社会可能带来的影响有待持续评估。

表 4-4　　　　　　　　uRLLC 场景工业互联网应用面临的安全威胁与挑战

主要安全威胁与挑战	说明
攻击范围扩大、扩散速度加快	原本联网程度较低的工业系统设备连接 5G 网络，更容易遭到网络攻击，且攻击直达设备
安全漏洞影响扩大	采用 5G 网络虚拟化技术后，原本网络中使用的特定型号的设备由通用设备代替，网络设备一旦存在安全漏洞，影响范围将扩大
网络攻击由 IT 层渗透到 OT 层	IT 与 OT 的进一步融合，使得原本可信的 OT 层环境变得不可信
攻击难度降低	原本工业系统使用专用协议，安全机制有限。随着联网程度不断提高，逐步过渡到网络通用协议，软件的脆弱性也逐步暴露
网络安全能力要求高	不同工业互联网业务面有不同的服务安全需求；网络安全隔离能力要求较高，需要支持百万级 VPN（虚拟专用网）的隔离及用户增长
DDoS 攻击安全风险	现有 10Mbit/s、100Mbit/s 工业以太网交换机性能较低，难以抵抗广播风暴等 DoS 攻击
继承 5G 网络关键技术安全风险	继承 SDN/NFV、边缘计算、网络切片安全风险
数据泄露风险增加	生产数据在 IT 层和 OT 层之间双向流动，相当于从封闭的系统流向了开放的系统
数据保护难度加大	数据体量大、种类多、保护需求不同、流动方向和路径复杂
大数据分析催生价值保护需求	原本工业系统生产数据价值低，但通过大数据分析手段能够分析出数据背后的生产工艺等敏感信息
用户隐私泄露风险	工厂外部个性化定制、服务化转移涉及大量用户隐私，相关数据泄露风险增加

4.2.3　uRLLC 安全风险应对

5G 网络 uRLLC 场景下需要提供比 4G 网络更加灵活以及敏捷的安全机制，对于低时延等特殊的应用场景需要有针对性地进行安全性设计。在 5G 网络发展过程中，更多新的技术也将为 5G 网络生态提供新的安全解决方案。

1. 物理安全

物理安全方面，可采取看守、巡逻、防盗告警、智能监控、智能巡检等智能化技术手段，保障 uRLLC 场景车联网、工业互联网等应用中网络基础设施的物理安全。为保障边缘节点安全，运营商可采取对基础设施实施安全加固，并在引入门禁、环境监测控制等安全措施的同时，加强边缘计算设备自身防盗、防破坏方面的结构设计，对设备输入输出（I/O）接口、调试接口实施权限管理。

2. 网络安全

为保障 uRLLC 场景下业务应用的网络安全，需要部署轻量级的安全机制来满足网络低时延需求，并警惕 5G 网络关键技术带来的安全风险。为应对移动边缘计算以及用户面下沉带来的安全风险，可以从攻击防范、资源管理、权限管理、操作审计等措施进行应对，如表 4-5 和表 4-6 所示。

表 4-5　　　　　　　　　　移动边缘计算（MEC）安全风险应对

主要安全威胁	解决方案
MEC 接口遭受 DDoS 攻击	安全域划分
	API 流量控制
App 过度占用系统资源	吞吐量、负荷等 KPI（关键性能指标）检测
App 越权访问 MEC 开放能力	API 访问授权、服务接口认证
MEC 云化系统遭受恶意软件注入	软件可信启动与签名验证
合法用户执行恶意操作	记录运维日志，日志审计

表 4-6　　　　　　　　　用户面功能（UPF）下沉带来的安全风险及应对

主要安全威胁	解决方案
边界安全风险	边缘 UPF 与网络之间部署防火墙
数据安全风险	文件权限管理
	UPF 实时上报核心网计费信息，不存储到本地
设备安全风险	软件包签名验签，部署可信启动
	虚拟机之间采用认证、鉴权、加密、完整性保护

网络切片安全方面，需要采用隔离机制阻止网络攻击并防止切片资源被滥用。网络切片在网络层的隔离可以划分为无线接入网隔离、承载隔离和核心网隔离 3 个方面。根据切片承载应用的安全性要求，可以分为完全隔离和部分隔离。对于 uRLLC 场景下车联网及工业互联网这类对安全性要求严苛的应用，理想的状态是采取完全隔离方式，为对应的网络切片分配独立的网络功能。

接入控制方面，需要建立用户、网络和服务之间的多元信任机制。

这里介绍一种面向 5G 应用的认证与密钥协商技术方案——AKMA（应用鉴权和密钥协商）。具体来说，是利用用户接入认证 AKA 的认证结果，基于 3GPP 网络的认证和密钥，为应用层提供基于 USIM 的身份认证服务及会话密钥，进而使行业应用方利用运营商提供的身份认证和会话密钥分发能力对用户进行安全认证，并建立端到端的安全通道。

AKMA 的引入可以为大规模设备初始安全信道的建立提供解决方案。比如车联网应用中，车辆间的直接通信通常需要依赖证书建立信任关系，而 AKMA 可以为车辆后装证书以及配置更新等提供安全而便捷的初始安全信道。另外，AKMA 还可以为终端大规模部署提供建立安全信道所必须的安全密钥参数，例如为智能电网应用中的电力终端提供独立的认证和密钥管理能力，从而避免因零星电力终端被攻破而导致其他电力终端受影响。

公共接口安全方面，5G 网络为垂直行业提供了一种公共接口功能的能力开放架构，采用通用 API 框架标准（CAPIF）。uRLLC 场景下，5G 网络可以将部分网络能力开放给工业、车辆、医疗等垂直行业，并对能力开放进行认证和授权。开放功能之间的接口采用 TLS 机制，以保护传输数据的安全性。通过传输层和应用层的双重防护，能够充分保障 5G 网络为行业应用提供安全可靠的能力开放信息，同时防止行业信息被非法第三方获取和盗用。基于 CAPIF，车联网应用中车辆服务质量监控和预测等信息可以被安全获取，使车企能够在稳定可预测的网络环境中启用自动驾驶和实时环境信息推送等业务。

针对威胁应对，一方面，可以通过部署威胁监测系统主动发现系统内外部安全风险，具体包括数据采集、汇聚、特征提取、关联分析以及态势感知 5 个环节。首先对 uRLLC 场景应用平台中的各类数据进行采集，对系统中产生的关键数据进行汇聚，同步监测全网数据流量。然后对数据特征进行提取、筛选、分类、排序等处理，基于关联分析过程得出应用系统运行规律、异常情况等重要信息。最后经过横向及多维大数据分析获得网络安全态势。

另一方面，还可以建立处置恢复机制保障系统及服务持续运行。处置恢复机制主要覆盖响应决策、备份恢复和分析评估 3 个层次。响应决策包括灾难风险分析、灾难数据监控、灾难恢复决策以及响应。备份恢复包括灾难备份系统的建设与运维管理、备份恢复策略制定、备份恢复处置预案与演练等。分析评估包括对网络安全风险进行分析、制定预案、评估备份恢复处置效果以及提出方案改进建议。

3. 设备安全

为保障设备操作及应用软件安全，需要对设备固件进行安全增强，检查安全漏洞并及时修复加固，实施补丁定期升级管理。为保障设备硬件安全，需要对设备硬件进行安全增强及运维管控。

4. 数据安全

数据安全保护方面，在数据采集、传输、存储、处理等环节，明示数据用途，采取数据机密性、完整性保护，实施数据访问控制，对数据进行脱敏等操作，防止数据篡改、窃取破坏等安全风险。

4.3　mMTC

5G 网络 mMTC 场景下主要有智能家居、智慧城市、环境监测等物联网应用，预计到 2025 年，全球物联网设备联网数量将达到 252 亿。与此同时，随着联网设备的激增，物联网场景所承载的信息价值也将大幅提升，更大的利益诱惑将驱动攻击者对 mMTC 场景应用发起网络攻击，窃取数据资源。5G 时代万物互联将更进一步，对于 mMTC 场景安全风险更应加以重视。

4.3.1　mMTC 业务安全威胁概述

mMTC 场景下，物联网终端设备可能部署在农区、林区等无人值守的偏远地区，也可能用于智能家居、智能交通等业务应用中，智能终端可能是可穿戴设备、智能电表、智能红绿灯、智能摄像头等多种多样的形态。总体来说，mMTC 场景下绝大多数终端存在资源受限问题，为了节省电量通常会选择强度较低的加密机制，因此网络安全防护能力较弱，网络攻击者最有可能将这些物联网设备作为突破口，发动入侵攻击、DDoS 攻击，窃取数据，进而攻击整个网络。mMTC 场景下的安全风险介绍如下。

1. 终端侧安全风险

（1）物理安全风险。

5G 物联网终端可能部署在野外或偏远地区，处在相对开放的环境中。一方面，这些终端设备长时间遭到风吹雨打，容易受自然侵蚀而使其功能失效。另一方面，终端设备及设备上的 SIM 卡具有经济价值，长期处在无人值守的环境中容易被盗或受到人为物理破坏。

（2）网络安全风险。

mMTC 场景下的物联网设备广泛部署并且长期在线，使得智能终端设备物理可访问，攻击者可以通过直接接触智能终端研究其脆弱性，并窃取数据、植入恶意程序。

同时，物联网设备本身可能存在安全漏洞，一旦攻击者利用设备安全漏洞发起网络攻击夺取智能终端控制权，可能导致传感器采集的数据被随意篡改，误导网络后台数据分析结果。若攻击者对于海量智能终端发起网络攻击，终端可能被攻击利用形成设备僵尸网络，进而成为新型高容量 DDoS 攻击源，对用户应用、后台系统发动网络攻击，带来网络中断、系统瘫痪等安全风险。

4G 时代已发生过类似的安全事件。例如 2016 年 Mirai 恶意软件感染数十万网络摄像头、数字录像机等物联网设备，利用海量 IP 地址向美国域名服务商 Dyn 发出 DNS 解析请求，形成高容量僵尸网络发起 DDoS 攻击，导致美国东海岸大面积断网，推特、亚马逊和华尔街日报等数百个重要网站无法访问。

（3）数据安全风险。

5G 物联网终端能够大量采集场景数据，例如环境监测类终端会采集温度、湿度等环境类数据；智能家居终端可能会采集用户生活图像等数据。

一方面，由于大部分物联网终端具有资源受限、拓扑动态变化、网络环境复杂、以数据为中心以及与应用密切相关等特点，与传统的无线网络设备相比，更容易受到威胁和攻击。许多行业专用设备采用了特定的硬件架构，传统的访问控制、沙箱、病毒查杀等系统防御技术无法在这些特定设备上实现。这些因素都导致目前感知层设备的安全能力十分薄弱，终端数据更易被泄露或篡改。

例如 2017 年 6 月，央视曾曝光大量家用摄像头遭到恶意入侵，攻击者通过一款扫描软件非法获取摄像头 IP 地址，通过破解引用弱口令的方式远程控制摄像头，偷窥用户日常生活，窃取个人隐私。攻击者甚至将破解获得的 IP 地址、用户名、密码等用户隐私数据非法出售，以攫取经济利益。

另一方面，攻击者可以截获节点设备进行更加深入的侧信道分析，从而获取节点通信密钥、算法等机密数据。一旦攻破一个节点，相同配置的节点就很容易攻破，造成多点数据泄露或被恶意篡改。

另外，物联网是一个动态的系统，需要通过确保物联网数据传输全生命周期的可信度来保障整个系统的数据安全，然而目前尚不存在这种完整性认证，使得 mMTC 场景下物联网应用存在一定的数据安全风险。

2. 网络侧安全风险

mMTC 场景下终端数量巨大，这带来了信令风暴安全风险。5G 时代之前的物联网平台采用捆绑式的安全解决方案，即通过绑定终端、后端平台和应用，将运用在传统网络中的安全技术排列组合来解决物联网中的问题。然而 5G 网络 mMTC 场景并非只有单一行业应用，它涵盖了工业、公共、消费等领域，因此安全方案已经不能简单地通过融合不同"烟囱式"的应用系统达到目的。这些系统使用的协议、标准并非为物联网设计，没有考虑到大规模设备连接问题。

5G 网络 mMTC 场景下终端设备连接密度从 10 万台/平方千米增大到 100 万台/平方千米，使终端设备在正常情况下发送接入认证请求或数据量较小的业务数据包，海量物联网设备同时工作有可能给网络带来极高的瞬时业务峰值，若终端信令请求超过网络处理能力，则会触发信令风暴。

（1）身份管理安全风险。

当前通用的身份管理和访问控制措施主要关注用户访问应用、资源、数据时强制执行的最小访问策略。但是对于资源受限的 5G 物联网终端，没有能力存储大规模身份和实体标识，进而导致物联网应用缺少应用集成层，可能引发应用的非授权访问。与此同时，由于缺乏用于管理物联网实体及身份的完整框架，物联网设备间的信任关系模糊，面临非授权访问的安全风险。

（2）5G 网络关键技术安全风险。

uRLLC 场景下的业务应用采用了网络切片、边缘计算等 5G 网络关键技术，这些关键技术的引入加强了网络的效率、提高了数据传输的速度，但也带来一定程度上的安全威胁。例如网络切片的引入使得网络边界变得十分模糊，原有依赖物理边界防护的安全机制难以得到有效应用。一旦隔离不当，可能导致其他网络切片抢占 mMTC 场景网络切片资源，或当作跳板对 mMTC 场景网络切片发起攻击。

边缘计算技术也将在 5G 网络 mMTC 场景下广泛应用，边缘计算节点在实现简单计算功能的同时，可能由于部署位置处在控制较弱的区域而面临物理安全风险。同时，移动边缘计算节点连接多种外部网络，受限于自身存储、计算能力等因素，因此可能遭受网络攻击。

（3）数据安全风险。

5G 网络 mMTC 场景下，终端数据传输层安全防护水平差异会造成数据安全威胁。终端的传输层主要是各种网络连接,涉及 WiFi、RFID(无线射频识别)、LPWAN(低功耗广域网络)、蓝牙等,传输途径更加复杂多样,数据传输安全防护机制各有不同,水平参差不齐,给数据安全传输造成威胁。物联网中个人信息和敏感数据如果发生泄露,所造成的后果不论是在影响范围还是问题严重程度上,都将超过以往的安全事件。

此外,mMTC 场景下还可能由于无线链路脆弱性引发安全风险。5G 物联网数据传输一般需要借助无线射频信号进行通信,无线网络固有的脆弱性使系统无线信号可能被干扰、截获,容易受到多种形式的攻击。

4.3.2 典型 mMTC 应用安全风险分析

智慧城市作为 5G 网络 mMTC 场景的典型应用,是指在城市发展过程中,在其管辖的环境、公共事业、城市服务、公民和本地产业发展中,充分利用信息通信技术(ICT)智慧地感知、分析、集成和应对社会管理和公共服务等职能需求,创造更加良好的城市环境。

为了抓住机遇并实现可持续繁荣,城市需要变得更加“智慧”。具体来说,就是通过物联网基础设施、云计算基础设施、地理空间基础设施等新一代信息技术以及融合通信技术,实现全面透彻的感知、宽带泛在的互联、智能融合的应用以及可持续创新,从而推动信息化城市发展到智慧城市这一高级形态。而 5G 网络的部署应用将加速推动智慧城市应用的发展落地,mMTC 场景的出现也为智慧城市应用联网程度的进一步加深打下基础。智慧城市应用如图 4-7 所示。

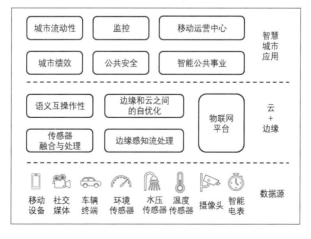

图 4-7 智慧城市应用

与此同时，人们在享受智慧城市应用中智能家居、物流追踪、公共监控及远程设备管理等高级服务的同时，智慧城市在安全方面面临的新问题和挑战不容忽视。由于之前被隔离、受到高度保护的设备可能会暴露在风险较高的环境中，其物理安全将受到威胁。随着传感器设备在城市中的部署，越来越多的个人信息将被采集和共享，用户隐私问题将尤为突出。

智慧城市应用中部署了多种类型的传感器和数据源，例如温度、湿度、噪声、气体和运动传感器，终端形态从传统的个人通信设备扩展至智能电表、物流追踪器、智能家居、智能可穿戴设备、智能检测设备等，实现城市的动态监测。随着终端形态急剧增加，对于智能检测设备、智能电表这类功耗低、使用周期长、计算和存储资源有限的终端，难以部署或更新复杂的安全策略。终端安全防护能力较弱，容易发生恶意敏感操作和数据未授权访问等情况，进而引发网络攻击和用户数据泄露等安全风险。

智慧城市应用中边缘节点将承载更多功能，从而使网络安全风险提高。边缘节点对于数据的处理一定程度上存在系统功能的局限性。对于一些只具备联网能力，而不具备本地数据处理的设备，或是一些并不会全天候联网的设备，边缘节点可以配置适当的策略提高数据提取效率。

现有物联网平台将边缘节点作为数据源对数据进行采集，未来智慧城市应用中，边缘节点将在网络中扮演更重要的角色，承担起网络边缘数据处理的功能，主要包括数据的采集、过滤和聚合等处理，保障传输到云平台的是更加有价值的数据。具体来说，边缘节点会具有组合来自多个传感器的观测结果并进行建模分析的传感器融合和处理功能，在部署优化期满足业务QoS 要求的感知流处理功能。因此，一旦边缘节点遭到未经授权的访问或者 DDoS 攻击，将影响整个网络的 QoS。

此外，智慧城市应用中，管理云平台能够实现数据聚合，传感器、边缘节点、执行器、服务及用户之间的连接将是多对多的，而不是局限于现有物联网多对一或者一对一的连接。这种连接关系也带来了信任风险，意味着数据源不仅会为一个对象提供信息，还会同时向多个主体传输数据，从而面临数据安全风险。

4.3.3　mMTC 安全风险应对

为应对 mMTC 场景下终端侧及网络侧的安全风险，需要建立横跨物联网系统及组件全生命周期的整体安全能力，覆盖设计、开发、部署、维护等阶段。需要具备威胁分析、风险管理等功能，以监测和抵御潜在的安全威胁。5G 网络物联网安全防护框架如图 4-8 所示。

图 4-8　5G 网络物联网安全防护框架

1. 物联网平台安全

物联网平台安全从数据管理系统安全、Web 应用安全以及业务分级保护 3 方面保障物联网平台安全。

- ❑ 加强数据管理系统安全防护。建立身份认证，并设置容灾备份及恢复机制。
- ❑ 基于云计算进行 Web 应用安全防护。安装防病毒软件、通信监控软件，设置安全基线，制定防篡改、防挂马安全规范，明确监测、防护与处置机制和要求。不定期进行 Web 威胁扫描、源代码评价及渗透测试，查找系统漏洞，及时升级系统。
- ❑ 实施业务分级保护。根据业务和应用被攻击、相关信息和数据被窃取可能造成侵害的程度，以及涉及数据、对象和对国家、社会与个人的影响程度，制定不同等级的安全防护技术要求和管理要求。

2. 通信网络安全

通信网络安全从建立网络节点身份认证、建立多元信任机制、建立网络安全态势感知、实施网络切片安全隔离、对数据进行机密性保护及完整性保护等 6 个方面保障通信网络安全，如表 4-7 所示。

表 4-7　　　　　　　　mMTC 场景下通信网络安全风险应对措施

安全措施	说明
网络节点身份认证	利用关键网络节点对边缘感知节点的身份进行认证，防止和杜绝虚假节点接入网络；构建群组认证机制，防范海量物联网认证带来的信令风暴安全风险
建立多元信任机制	充分融合现有移动通信网、不同的垂直行业及不同的物联网平台的身份管理体系，实现统一身份管理，构建统一信任服务体系
网络安全态势感知	对设备流量进行追踪，对安全攻击实时监控，对安全风险进行趋势预测，为后续风险治理奠定基础
网络切片安全隔离	通过切片 ID 验证，接入统计监控应对非法访问和越权管理。通过切片资源预留、切片内用户限流以及云化安全方案确保切片资源隔离

安全措施	说明
数据机密性保护	杜绝明文传输，进一步加强数据过滤、认证等加密操作。进行设备指纹、时间戳、身份验证等多维度校验
数据完整性保护	建立本地敏感数据保护机制，对数据进行完整性校验，防止数据被篡改

下面具体以建立多元信任机制和网络安全态势感知作为例子进行分析。

（1）建立多元信任机制。

5G 网络支持海量多样化终端接入，无论从对身份管理的需求上，还是从促进网络和业务进一步深度融合的角度，都需要在 5G 网络 mMTC 场景下构建新的身份管理体系与信任模型。另外，网络切片的使用是实现 5G 承载多种垂直行业应用的必要条件，在安全方面需要支持网元在不同网络切片、不同网络域之间的信任关系和可信身份传递。因此需要充分融合现有的移动通信网、不同的垂直行业、不同的物联网平台的身份管理体系，实现统一身份管理，构建统一信任服务体系。

在 4G 时代，用户认证入网，以及用户认证到服务均基于二元信任模型，也就是只有用户和网络两个主体。入网就是用户直接向网络发送接入认证请求，网络予以反馈的过程。而用户认证到服务就是将网络作为通道，用户向服务发起业务认证。这些过程的主体都是二元的，并且网络中的终端设备以手机这一单一形态为主。与此同时，在信任模型方面，以 PKI、DNS 为典型的传统网络数字身份体系都是基于个体自治原则，配合第三方 CA（证书管理机构）构建的信任模型，不涉及具体业务，因此这种信任模型数字关系表达能力也有限，更适用于消费互联网。

而到了 5G 时代，网络中将融入更加丰富的 ICT 生态，网络架构及业务中也将会支持更多的参与方，比如工业、能源、金融等多种垂直行业。除手机外，5G 网络终端包括智能手环、智能眼镜、智能红绿灯等多样化的智能 IoT（物联网）终端。因此，5G 网络的生态系统比 4G 网络更加复杂，数字关系表达能力更加丰富。

也就是说，无论是从海量终端身份认证安全风险角度上，还是从实现网络与业务深度融合的角度上来看，都需要实现可信身份与信任关系的传递。目前已经有很多与数字身份相关的研究，包括各种垂直行业标识体系、面向物联网的数字证书体系、5G 融合身份认证、跨运营商的协同等，这些分散性的研究成果都可以融合在统一的可信数字身份框架下。

在此基础上，5G 生态可以将 USIM/eSIM 认证作为先决条件，引入区块链等新技术，构建覆盖用户、网络、终端、服务的多元信任模型，实现身份统一管理、信任服务统一构建，解决各角色主体间的多元信任问题，如图 4-9 所示。

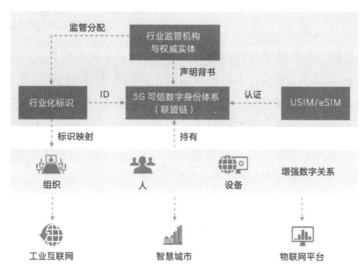

（图片来源：《5G 安全白皮书》，中兴通讯股份有限公司）

图 4-9 可信数字身份体系

构建 5G 网络 mMTC 场景群组认证机制，减少物联网设备在认证和身份管理方面的工序，强化物联网设备的低成本和高效率海量部署能力，解决海量物联网认证带来的信令风暴安全风险。

（2）网络安全态势感知。

5G 网络具有开放性等特点，面临着多种不同类型、不同手段网络攻击的风险，很难有完备的安全方案一劳永逸地杜绝网络攻击。因此，需要借助智能化的安全防御手段，对网络攻击事件进行深度挖掘；同时结合网络的基础设施情况和运行状态，对网络安全态势做出评估，并对未来可能遭受的网络攻击进行预测，进而提供有针对性的预防建议和安全防护措施。

为了在 mMTC 场景支持海量终端接入的情况下，依然能保障网络安全，最简单的方法是在网络边缘及网关中加入安全功能。在无须接触每个设备的情况下，支持访问控制、认证或检测入侵的机制，防护网关后方的端点和设备，提供统一的安全防护能力。例如可以在物联网切片内，部署虚拟物联网网关，以及安全态势感知系统，防止 DDoS 攻击和威胁横向扩散。

此外，基于 5G 网络 mMTC 场景下支持面向机器连接的特点，相比于复杂和不可预测的人类行为，机器的行为模式相对简单，可预测得到流量模型。由于 5G 网络切片的使用，隔离了各种不同业务特征的网络流量，加上 AI 技术的快速发展为 5G 网络提供了更加智能化的攻击检测能力，通过对采集行为及流量日志进行学习和训练，能够分析和提取有用信息，分辨出异常行为，进而更加精准地对网络攻击事件发生的位置做出判断，对机器行为与网络流量进行异常检测，从而提供安全威胁与预警能力。

与此同时，在监测出单个异常行为的基础上，通过对搜集到的海量安全事件做大数据关联分析，利用智能分析引擎在大量安全事件中找出潜在的因果关系，推断出攻击链条，反映整个网络攻击源头、攻击过程和扩散范围，调用可重构的安全流量清洗资源池实施攻击阻断。通过对攻击事件进行深度挖掘，结合网络基础设施运行状态监测，形成网络安全态势，并能够对网络攻击追踪溯源，对未来网络攻击行为进行预测，有针对性地提前部署安全防护措施。

智能网络防御系统功能如图 4-10 所示。

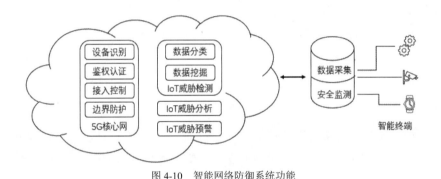

图 4-10　智能网络防御系统功能

3. 智能终端安全

智能终端安全可以从物理安全防护、访问控制、轻量级安全机制、设备安全防护、数据机密性及完整性保护等 6 个方面保障智能终端安全，如表 4-8 所示。

表 4-8　　　　　　　　mMTC 场景下智能终端安全风险应对措施

安全措施	说明
物理安全防护	引入环境监控、门禁等安全措施，加强智能终端自身防盗、防破坏方面的结构设计，对设备的 I/O 接口、调试接口加以控制
访问控制	配置智能终端访问控制策略，防范恶意 App 扩大系统资源访问权限
轻量级安全机制	需要减少物联网设备在认证和身份管理方面的工序，使物联网终端在安全方面不要增加过多的能量消耗
设备安全防护	支持身份鉴别等通用的硬件安全保障机制，保障出厂设备具备独立的身份标识；接口物理加固，引入接口加锁、掉线告警等安全措施
数据机密性保护	杜绝明文传输，进一步加强数据过滤、认证等操作，进行设备指纹、时间戳、身份验证等多维度校验
数据完整性保护	建立本地敏感数据保护机制，对数据进行完整性校验，防止数据被篡改

4.4　5G 业务安全要求

5G 网络将与关系国家命脉的服务和应用深度融合，关乎国计民生、公众生命财产的安全，其安全性不容忽视。

5G 网络引入新技术、新业务和新生态，网络安全面临挑战。

❑ 5G 网络采用多种新的关键技术，比如边缘计算、网络切片等，使得网络功能更加灵活，网络性能进一步提高，但同时也会导致网络安全和数据安全的风险点增多。

❑ 5G 网络应用领域从移动互联网进一步拓宽到物联网，安全问题将波及工业、交通和智慧城市等领域，其超大流量、超低时延、海量物联网终端的特点对于现有网络安全防护手段形成挑战。

❑ 5G 网络新生态涵盖网络运营商、设备供应商、行业应用服务提供商等相关方，角色多、粒度细，为安全责任边界划分、网络部署运营安全等带来新的挑战。

5G 网络运营商在设备供应商的支持下，为 5G 业务应用提供商提供 5G 通信业务。5G 时代，网络运营商的服务对象（业务应用提供商）增加了数量巨大的垂直行业用户，即除了为普通消费者提供电话、移动互联网接入等通信服务，还可为行业用户提供更丰富的通信服务。

为了保障 5G 业务安全可管、可控，业务应用提供商、网络运营商、设备供应商、主管机构、安全服务提供商等需要满足一定的安全要求。

（1）5G 业务应用提供商。

5G 业务应用提供商负责对所拥有信息数据资产和 5G 业务的安全管理，应保护用户隐私并对相关业务数据提供保护措施，应定期对网络、信息系统和设备（包括终端）进行安全评估，根据评估结果进行整改和修复。

（2）5G 网络运营商。

5G 网络运营商负责 5G 网络规划建设、运营与维护以及融合应用支撑服务。在 5G 网络规划建设、运营保障、融合应用中同步开展安全能力建设，增强 5G 网络基础设施安全防护、数据安全和应用安全保障能力。

同时，网络运营商应联合有关机构及行业用户考虑 5G 融合应用安全需求，制定面向 5G 网络垂直应用的网络安全管理规范和指引，形成 5G+业务安全指南，引导 5G 融合应用安全发展；针对各类 5G 典型场景采取有针对性的安全保障措施；针对融合应用差异化需求建立健全融合应用数据端到端的业务安全检测机制，强化用户信息和数据安全保护，落实数据安全保障要求。

（3）5G 网络设备供应商。

5G 网络设备供应商负责 5G 网络设备安全设计、开发及全生命周期的安全维护，提供有效的设备安全防护措施，支持运营商的网络安全运营，安全维护。及时对已知的安全风险和漏洞发布补丁升级，并在产品安全设计中持续迭代完善。

（4）主管机构。

主管机构制定安全总体方针、规划、框架，建立安全管理组织架构和机制，统筹协调安全管理与监督工作，检查、评估安全建设与运营工作，定期审核、改进安全管理制度和流程，为其他角色提供安全指导和必要支持；组织构建 5G 融合应用安全分类分级机制，面向行业制定 5G 网络安全分级指南规则，实施差异化管理；针对 5G 垂直领域丰富且差异性大、安全风险突出的特点，进一步建立和完善 5G 安全风险动态评估及检测认证机制，提升安全检测能力；持续开展 5G 安全风险动态评估及设备安全、网络运行安全、5G 融合应用安全、数据安全等方面的评估及检测认证工作，及时提出安全应对和处置措施，防范和消除安全风险；推动 5G 网络安全技术和产品研发，挑选 5G 优秀安全技术、产品与方案的示范试点，推动规模化应用。

（5）安全服务提供商。

安全服务提供商设计、开发安全产品与应用并提供维护技术服务，为安全运行提供信息安全基础服务、部署安全技术措施，协助 5G 网络及业务安全工程建设、运维及应急处置和管理，提供安全产品、服务及技术支持。

第5章　5G 网元安全

5.1　5G 设备概述

5.1.1　5G 网元类型

5G 网络采用了全新的服务化架构（SBA），其架构可以由服务化和参考点两种方式来描述，分别如图 5-1(a)和图 5-1(b)所示。图 5-1(a)描述了 5G 网络基于服务的接口（SBI）的系统架构，系统由多个模块化的 NF（网络功能）组成。控制面 NF 经由总线式基于服务的接口相互连通，通过授权相互调用各自提供的服务。此外，为实现网络功能的动态可配置，NF 可以被灵活地添加到 5G 网络中或删除。图 5-1(b)描述了基于参考点的系统架构，该架构注重描述实现系统功能时 NF 间的交互关系。

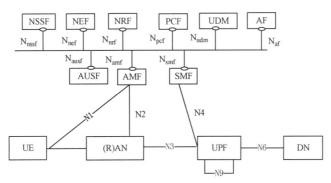

（图片来源：3GPP TS 23.501）

图 5-1(a)　基于服务的接口的系统架构

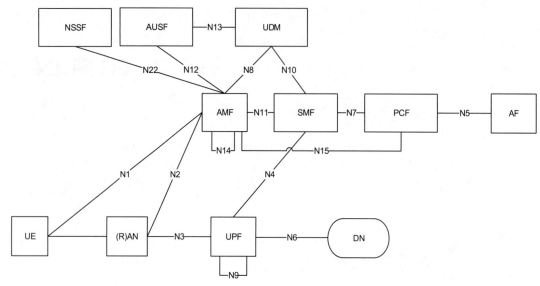

（图片来源：3GPP TS 23.501）

图 5-1(b)　基于参考点的系统架构

5G 网络主要包括以下设备类型。

❑　用户设备（UE）。

❑　无线接入设备（gNB），即 5G 基站（无线接入网[RAN]的主要设备）。

❑　接入和移动性管理功能（AMF）。

❑　会话管理功能（SMF）。

❑　用户面功能（UPF）。

❑　统一数据管理（UDM）。

❑　认证服务器功能（AUSF）。

❑　网络储存库功能（NRF）。

❑　网络开放功能（NEF）。

❑　网络切片选择功能（NSSF）。

❑　策略控制功能（PCF）。

❑　短消息业务功能（SMSF）。

❑　安全边界保护代理（SEPP）。

❑　应用功能（AF）。

5.1.2　5G 网元功能

无线接入设备（gNB）是 5G 网络无线侧控制面和用户面协议的终结点。控制面主要实现无线资源管理、寻呼消息和系统广播信息调度传输、移动性和调度测量及测量报告配置、NAS（非接入层）消息分配、选择 AMF 并将控制面信息路由至 AMF 等功能，同时支持双连接、网络切片、无线接入网络共享等功能。用户面主要负责管理用户无线侧会话，并将用户面数据路由至 UPF。

接入和移动性管理功能（AMF）是 RAN 控制面接口（N2）的终结点以及 NAS 接口（N1）的端节点，负责用户接入管理，能够提供用户接入鉴权和授权、用户注册和移动性管理、用户连接性和可达性管理、用户定位服务和 NAS 信令机密性及完整性保护，UE 与 SMF 间的 SM（会话管理）消息传输、UE 与 SMSF 间的 SMS（短消息业务）消息传输等多种功能。同时，AMF 支持安全锚点功能（SEAF）、CIoT 5GS（5GS 蜂窝物联网）控制面和用户面优化、特定网络切片的鉴权和授权，并可与 4G MME（移动性管理实体）进行必要的互操作。

会话管理功能（SMF）负责用户会话管理功能，为实现 5G 灵活的会话管理功能，SMF 能够根据策略配置，灵活地选择合适的 UPF 进行创建、更新或删除用户 PDU（分组数据单元）会话。SMF 同时负责 UE 的 IP 地址分配以及计费数据的采集和管理，同时支持 CIoT 5GS 控制面优化以及 IMS（IP 多媒体子系统）业务中 P-CSCF（代理呼叫会话控制功能）发现等功能。现网中 SMF 还会与 4G 网络的 PGW-C（分组数据网络网关控制面）的功能进行物理融合部署。

用户面功能（UPF）负责用户分组数据的路由和转发，是 RAT（无线接入类型）内/RAT 间移动性的锚点以及与 DN（数据网）互连的 PDU 会话节点。UPF 能够按照 SMF 下发的分组数据策略规则进行数据包的标记、缓存、转发、复制，并向 SMF 上报流量使用情况，同时负责用户面的 QoS 处理。

统一数据管理（UDM）负责存储用户签约数据，为用户提供接入授权、注册、业务连续性、短消息等业务，包括生成 3GPP AKA（鉴权和密钥协商协议）鉴权证书、用户隐藏标识符（SUCI）解析、用户标识处理、签约管理等。

认证服务器功能（AUSF）负责用户通过 3GPP 或非 3GPP 方式接入 5G 网络时的鉴权。AUSF 支持网络特定切片鉴权和授权。

网络储存功能（NRF）负责对网络功能进行自动化管理，包括维护网络中所有可用网络功能的实时信息，支持自动发现、更新或删除网络功能服务，对网络功能状态进行检测和安全管理。

网络开放功能（NEF）负责将 5G 网络能力和事件对外开放，包括接收外部应用提供的开放请求、路由策略等信息，统一提供外部应用所需的网络侧信息，同时支持内部—外部信息转换、PFD（分组流描述）、non-IP 数据递送等功能。

网络切片选择功能（NSSF）负责根据用户签约的网络切片选择辅助信息（NSSAI），选择服务于 UE 的一组网络切片实例，确定服务于 UE 的 AMF 集。

策略控制功能（PCF）能够基于统一的策略框架管理网络行为，为控制面功能提供策略规则，并可与 UDR（统一数据存储库）交互获取用户的签约策略数据。

短消息业务功能（SMSF）负责 SMS 管理签约数据检查，执行 NAS 短消息的传递、中继，支持短消息计费。

安全边界保护代理（SEPP）通常位于 PLMN（公共陆地移动通信网）网络边界，负责对两个不同 PLMN 之间的消息进行应用层安全保护，并隐藏 PLMN 内部拓扑。

应用功能（AF）在 5G 网络内提供应用服务功能，可以与 PCF 或 NEF 交互，实现满足应用需求的路由选择、策略控制等。

5.2　5G 网元通用安全

5.2.1　安全功能要求

为确保 5G 网络安全，5G 设备应满足 3GPP 标准、技术基线、操作系统、Web 服务器以及网络设备等方面的安全要求。

1. 3GPP 标准

5G 设备应符合 3GPP 标准中规定的通用强制性安全要求，在此基础上，还应支持服务化架构和服务接口的相关安全机制，具体包括以下内容。

（1）NF 相互认证和 TLS。

3GPP TS 33.501 标准要求"NF 服务请求和响应流程应支持服务请求者和服务生产者之间的相互认证""所有网络功能均应支持 TLS 协议，并支持服务器端和客户端证书"，因此 5G 设备需要配置 TLS 协议以及服务器端和客户端证书，并在 NF 之间通信时进行双向认证。

（2）NF 服务访问授权。

3GPP TS 33.501 标准要求"PLMN 内的 NF 服务访问应验证访问令牌的完整性，并验证访问令牌中的身份信息、作用域、有效期等信息是否符合要求""不同 PLMN 间 NF 服务访问还应验证访问令牌中的 PLMN 标识信息是否符合要求"，因此 5G 设备需要提供访问令牌的校验功能。

2. 技术基线

技术基线是所有网络产品均需满足的通用安全需求集。为了应对安全风险，技术基线旨在保障网络产品的机密性、完整性和可用性。5G 设备也应从这 3 个方面出发，提供基础性的安全技术能力，包括系统内部的数据和信息保护、可用性和完整性保护、认证和授权、会话保护、日志记录等。

（1）数据和信息保护。

应采取充分的安全措施保护敏感数据，从系统内部数据、存储、传输、访问日志 4 个方面来保护数据和信息，具体内容如下。

系统内部数据保护方面，5G 设备应避免在日志、告警、配置文件等系统功能中使用明文而导致暴露系统内部的敏感数据。

存储保护方面，5G 设备应对内部存储敏感数据进行访问控制，通过完整性保护机制防止篡改，并进行敏感数据的加密存储。具体实施中，需要针对不同对象采用与其相匹配的加密存储方法：对于需要访问明文标识和认证数据的系统（如执行认证），应对其加扰或加密后存储；对于无须访问明文敏感数据（如用户口令）的系统，应对这些数据做哈希处理；对于存储在网络产品上的文件，应采用校验或密码方法来保护文件以防篡改。

传输保护方面，5G 设备应对敏感数据进行传输安全保护，包括使用业界认可的算法、使用无已知漏洞的网络协议或其安全替代方案。

访问日志保护方面，5G 设备应在某些需要通过明文展示个人敏感数据的特定场景下，通过日志记录数据访问信息。日志内容应包含哪些用户访问了哪些数据，并确保未直接记录个人隐私信息。若无法记录详细日志，应允许粗粒度日志代替。此要求不适用于 gNB。

（2）可用性和完整性保护。

5G 设备应通过限制 CPU 资源、确定进程优先级、限制最大会话数等安全措施避免流量激增或拒绝服务攻击等引起的系统过载。若设备不可避免地出现了过载，5G 设备应提供可预测的丢弃处理机制。在极端情况下（如安全措施不充分情况下发生过载），可采用系统的可控关闭来应对。

5G 设备应具备针对意外输入的鲁棒性，如对输入数据的长度、格式等进行验证，避免输入错误造成的设备故障。

5G 设备在软件安装或更新阶段应通过密码（如数字签名）校验软件包的完整性。不得安装校验失败的软件包，并应通过授权认证机制确保由指定人员进行相关操作。NFV（网络功能虚拟化）设备上线时，应校验 VNF（虚拟网络功能）包和 VNF 镜像的完整性，使用 VNF 镜像实例化时也应校验其完整性。

（3）认证和授权。

5G 设备应通过密码算法、加密密钥、令牌等认证授权机制，限制设备功能的使用人员。5G 设备应能明确识别用户，支持为每个用户分配独立账号，其中用户可以是人或机器账号（应用或系统），禁止使用组账号、组凭据或共享账号。每个账号应具备密钥等身份鉴别机制，保护账号合法使用。

5G 设备应删除或禁用所有预设、默认账号或认证属性，例如要求用户初始登录后修改密码。账号还应配置满足长度、字符类别等复杂度条件的密码策略，并按照管理策略强制执行密码更换。

5G 设备应提供账号防暴力破解和防字典攻击的安全措施，不应再次使用已使用过的密码，且不应在显示器上明文显示密码。当超出连续登录失败的最大次数时，应执行延迟加倍策略或执行锁定操作。

5G 设备应为每个账号配置任务所需的最小权限，包括对数据访问、组件功能使用等，并通过控件来支持基于角色的访问控制。

（4）会话保护。

5G 设备应支持已登录用户的随时退出，并在用户退出后终止所有进程，且保证不影响设备的正常运行。

5G 设备应支持运维管理用户空闲会话超时后自动退出，且空闲超时时长可配置。

（5）日志记录。

5G 设备应通过日志功能正确记录所有的安全事件，包括异常登录、账号创建/修改/删除等操作以及配置变更、重启、接口状态变化等。对于每项安全事件，日志均应记录安全事件的用户名、时间、动作、结果、会话时长。

5G 设备还应支持向外部系统转发安全日志的功能，提供日志访问控制机制，保证仅有授权用户可以访问。

3. 操作系统

随着 5G 设备的软件化,操作系统层面也需要提供必要的安全保障机制。

❑ 5G 设备操作系统的日志文件、上传文件等动态增长内容不应影响自身功能。文件系统达到其最大容量时不应影响系统正常运行,应采取使用专用文件系统等应对措施。

❑ 5G 设备应禁止处理与网络操作无关的 ICMPv4(互联网控制报文协议第 4 版)和 ICMPv6 数据包,允许支持的 ICMP 消息类型不应引发消息响应或配置变化。此外,对于 gNB,Echo Reply 可设置为默认发送。远程基站自动部署场景下,基站设备可处理路由器通告。

❑ 5G 设备应能够过滤带无用选项或扩展项 IP 包的功能。

❑ 5G 设备操作系统高权限用户的开启必须经过成功认证和授权,并应为用户获取管理员/root 权限提供详细的记录。

❑ 如果 5G 设备采用的是 UNIX 系统,则应为每个系统账号分配唯一用户标识。

4. Web 服务器

5G 设备使用 Web 服务进行数据交互时,需要满足以下安全要求。

❑ Web 客户端和服务器间的通信应使用 TLS 进行保护,并按照 3GPP TS 33.310 标准定义的配置文件正确配置,且不应支持零加密的密码套件。

❑ 所有 Web 服务器的访问应做日志记录。日志记录应包含访问时间戳、源(IP 地址)、(可选)账号、(可选)尝试登录名、http 请求中的相关域(应尽可能包含 URL)、Web 服务器响应状态码。

❑ 为保护用户会话,5G 设备会话标识和会话 cookie 均应满足安全性要求,包括会话标识不可预测、定期更新,并指向唯一标识用户等。

❑ 5G 设备应能够确保 Web 应用的输入不会遭受命令注入攻击或跨站脚本攻击,并具备对输出信息进行验证、过滤、转义和编码功能。

5. 网络设备

除了基础性技术基线,5G 设备还应在设备层面提供接口、协议和消息的安全功能。

❑ 5G 设备应提供在任意 IP 接口上过滤 IP 包的机制,执行丢弃、接收、计数等操作,并能够对丢弃包进行日志记录。

❑ 5G 设备应具备接口鲁棒性,即当从另一个 5G 设备接收到被操纵或不符合标准的数据包时，其可用性或鲁棒性应不受影响，对无效数据的检测和丢弃不应影响 5G 设备的正常性能。

❑ 5G 设备还能够对基于 GTP-C（GPRS 隧道协议控制面）和 GTP-U（GPRS 隧道协议用户面）协议的每条消息进行发送方授权检查，并支持 GTP-C 协议和 GTP-U 协议的过滤功能。若 5G 设备支持上述特性，则由其自身提供，否则在其部署时应同步配置独立实体来支持上述特性。需要特别指出的是，对于 GTP-C 数据包的要求不适用于 gNB。

5.2.2　安全加固要求

除安全功能要求外，为减少网络设备的暴露面，尤其是确保所有设备缺省配置（包括操作系统软件、固件和应用）的合理性，5G 设备还需满足以下必要的安全加固要求，主要从技术基线、操作系统、Web 服务器、网络设备以及网络功能等方面分别进行讲述。

1. 技术基线

❑ 5G 设备应仅运行其操作所需且没有任何已知安全漏洞的协议处理程序和服务，所有网络接口上没有正在运行的不安全服务或协议。特别是除非部署需要，设备供应商应在初始配置时默认禁用 FTP 等服务。

❑ 5G 设备应支持限制服务可达性的能力，即服务只能到达指定的接口，并仅限于合法的通信对端。

❑ 5G 设备不应安装无用软件，并关闭系统运行不需要的功能；永久停用不需要的硬件功能（如未使用的接口），以及不再支持的软件和硬件组件（例如已超出生命周期或不再支持的组件）。

❑ 对于 5G 设备的 root 用户或具备最高权限的用户，仅允许其在系统控制台上直接登录，不允许远程登录系统。5G 设备还应确保只有被授权用户才能修改文件、数据、目录或文件系统。

2. 操作系统

❑ 5G 设备的操作系统不应处理源地址不能通过传入接口访问的 IP 数据包，可通过使用"反向路径过滤器"（RPF）实现此功能。

❑ 5G 设备的操作系统应将内核网络功能最小化，停用不需要的内核网络功能，如设备不同接口间的 IP 数据包转发、ARP（地址解析协议）代理等。

❑ 5G 设备的操作系统应支持防止 SYN 泛洪攻击、缓冲区溢出保护等机制，且应默认开启。

❑ 5G 设备的操作系统在连接 CD、DVD、USB 或 USB 存储驱动器等可移动介质时，不应自动启动任何应用。若操作系统支持自动运行，除非为可用性需要，否则应将其停用。

❑ 5G 设备应对普通用户安装外部文件系统适当设置操作系统限制，防止由于安装的文件系统内容而导致权限升级或扩大访问权限。

3. Web 服务器

❑ 5G 设备的任何 Web 服务进程均不应使用系统权限执行。若进程由拥有系统权限的用户启动，启动后应转移至无系统权限的其他用户执行。

❑ 5G 设备应停用所有不需要的 HTTP 调用和 Web 服务器可选插件和组件，如 CGI（公共网关接口）或其他脚本组件等。

❑ 5G 设备若使用 CGI 或其他脚本技术，CGI 目录或其他相应的脚本目录不应包括编译器或解释器，且关联的 CGI/脚本目录不应被用于上传目的。

❑ 如果 5G 设备的服务器端包含（Server Side Include，SSI）被激活，系统命令的执行将被停用。

❑ 5G 设备 Web 服务配置文件的访问权限只能赋予 Web 服务器进程的所有者或具有系统权限的用户，应删除 Web 服务标准安装时所提供的默认内容（示例、帮助文件、文档、别名）。

❑ 5G 设备应停用目录列表（索引）/"目录浏览"，删除所有不需要的文件类型或脚本映射。同时应最小化 HTTP 头中的 Web 服务相关信息，用户定义的错误页面不应包含关于 Web 服务和使用的模块/扩展插件（add-on）的版本信息。

❑ 5G 设备应限制 Web 服务文档目录中所有文件的存取，并对 CGI 或其他脚本目录配置执行权限。

4. 网络设备

5G 设备应支持不同网络域流量的物理或逻辑隔离，如操作维护流量和控制面流量隔离。

5. 网络功能

❑　5G 设备 NF 使用的解析器不应执行服务化接口收到的 JSON（基于 JavaScript 的对象标记法）对象中包含的 JavaScript 或任何其他代码，且不应包含除收到的 JSON 对象自身外的任意资源。

❑　5G 设备 NF 的数据结构名称应唯一。同一结构中两次出现相同名称（或键值）应判别为错误消息且被拒绝。每个 IE（信息元素）的有效格式和取值范围应明确定义，如每条消息的页的 IE 数不应超过 16 000、页的最大嵌套深度不应超过 32 等。

❑　需要指出的是，此要求不适用于 gNB。

5.3　5G 网元特定安全功能

5G 设备的特定安全功能是指从通信网络安全流程角度，对不同网络设备提出的安全功能要求和应对设备特定安全威胁的安全需求。

5.3.1　基站

为保护用户和基站之间的 RRC（无线资源控制）信令和用户数据，gNB 需要支持 5G 新空口上 RRC 信令和用户数据的以下安全机制。

❑　完整性保护：gNB 应支持 RRC 信令和用户数据的完整性保护，可依据 SMF 发送的安全策略激活完整性保护。若完整性校验失败，gNB 能够将有关消息丢弃。

❑　机密性保护：gNB 应支持 RRC 信令和用户数据的机密性保护，并依据 SMF 发送的安全策略可选开启机密性保护。

❑　抗重放保护：gNB 应支持 RRC 信令和用户数据的抗重放保护，并依据安全策略可选开启抗重放保护。

在支持上述安全机制时，gNB 应支持注册、切换等流程对安全算法的选择机制，能够按照预配置的算法列表选择优先级最高的算法，及时更新密钥，并支持 N2/Xn 接口的控制面/用户面数据的完整性、机密性和抗重放保护。其中 gNB 中的密钥更新应适用于 K_{gNB}、$K_{RRC-enc}$、$K_{RRC-int}$、K_{UP-int} 以及 K_{UP-enc}。

5.3.2 AMF

在 UE 鉴权和密钥协商流程、安全模式命令流程、RAT 内移动性安全流程、用户 5G GUTI 分配流程以及 UE 注册流程中，AMF 应满足以下特定安全功能要求。

- ❑ 在 UE 鉴权和密钥协商流程中，AMF 应该能够正常处理 UE 同步失败流程，并正确处理由 AUSF 检测到的 RES*校验失败。
- ❑ 在安全模式命令流程中，AMF 应支持 UE 和 AMF 间 N1 接口上 NAS 信令消息的抗重放保护。此外，若无特殊需求，部署时应禁用 AMF 中的 NIA0（空完整性保护算法）。
- ❑ 在 RAT 内移动性安全流程中，N2 切换/移动注册更新过程，AMF 改变时应能够正确选择 NAS 信令的保护算法。
- ❑ 在用户 5G-GUTI 标识分配流程中，AMF 应支持在合适的场景（接收到类型为"初始注册""移动性注册更新"或"周期性注册更新"的注册请求消息）成功分配新的 5G-GUTI。
- ❑ 在 UE 注册流程中，若注册请求消息中 UE 安全能力无效或不可接受，AMF 应返回注册拒绝消息。

5.3.3 SMF

- ❑ SMF 作为会话控制网元，应支持将用户面安全策略配置为 UDM 优先级高于 SMF 本地，并确保每一个新 PDU 会话的 GTP 隧道分配的 TEID（隧道端点标识符）是唯一的。TEID 是逻辑节点中某一 IP 地址的唯一标识。
- ❑ 当用户发生 Xn 切换时，SMF 可检查从目标基站获得的用户面安全策略。
- ❑ 为保障计费功能，对于 3GPP 接入和非 3GPP 接入的 UE，SMF 应支持按每个 PDU 会话收集计费信息，并为每个 PDU 会话分配唯一的计费 ID。

5.3.4 UPF

- ❑ UPF 作为用户面数据的转发设备，应支持 N3 接口传输的用户数据的机密性、完整性和抗重放保护。
- ❑ 同一个 PLMN 内，UPF 应采用 NDS（网络域安全）/IP 机制对 N4 和 N9 等非 SBA 接口进行保护。

❑ UPF 为每一个新的 GTP 隧道生成的 TEID 是唯一的。

5.3.5　AUSF/UDM

❑ UDM 应支持 SUCI 的解密功能。

❑ UDM 应在认证失败消息中携带同步失败指示参数时，能够正确恢复。

❑ UDM 应支持 UE 的认证状态的存储。

5.3.6　NRF

❑ NRF 应确保 NF 发现和注册请求均已授权，并根据切片的发现策略，拒绝非授权 NF 实例的服务发现请求。

❑ NRF 还应可选支持黑名单等策略，并拒绝黑名单中 NF 实例的服务发现请求。

5.3.7　NEF

❑ NEF 能够对应用功能进行认证，并通过证书认证方式建立与应用服务器之间的 TLS 连接，也可以对应用功能进行认证并通过预共享密钥认证方式建立与应用服务器之间的 TLS 连接。

❑ NEF 可采用基于 OAuth（开放授权）的授权机制，对应用功能的请求进行授权。

5.3.8　SEPP

❑ SEPP 应能正确区分与使用对端 SEPP 认证证书和 IPX（IP 交换）提供商的密钥参数。

❑ SEPP 应拒绝未通过的 IPX 提供商签名的 N32-f 消息。

❑ SEPP 应能正确处理 PLMN ID 不正确的 N32-f 消息。

❑ SEPP 应能识别从 N32-c 消息接收到的保护策略，并在保护策略不匹配时产生告警并返回错误码。

❑ SEPP 应能校验中间 IPX 是否将加密的信元移动或者复制到错误位置。

第6章 5G 网络组网安全

6.1 概述

    5G 网络组网安全重点关注 5G 网络在运行层面的安全，主要包括 5G 网络规划建设安全、5G 网络部署运行安全及 5G 融合应用安全。相比静态网元功能的安全保障，5G 网络组网需保障动态网络运行的安全，即在 5G 网络规划、建设、部署、运行维护、应用等阶段，形成事前安全防护、事中监测预警（包括动态监测、通报预警、威胁共享等）及风险管理、事后处置（包括应急响应、指挥调度、威胁处置、灾难恢复等）的 5G 网络安全保障能力，从部署、配置和管理方面为 5G 网络提供安全防护手段，防止 5G 网络遭受来自内部和外部的攻击，并能够通过定级备案、风险评估、符合性评测、容灾备份以及应急演练等方式，对已经存在的安全风险进行管理和控制。

    5G 网络自身的安全通过网络安全域机制来保障，不同的安全域采用不同的安全防护手段，从而保障整个 5G 网络的安全性。安全域是指同一系统内安全保护需求和安全等级相同，并具有相同的访问控制策略和边界控制策略且相互信任的网络。相同的安全域采用相同或相近的安全策略，根据不同安全域的安全需求，可设置不同的安全等级。不同等级的安全域之间互通采取一定的访问控制策略，保障系统的安全性、可靠性和可控性。

    目前，国际标准中已明确规定了基于网络安全域的安全架构和机制以及不同网络安全域间互通时的认证框架和认证流程。

6.2　5G 网络组网安全总体要求

在 5G 网络规划建设、部署运行、支撑融合应用中应同步开展安全能力建设，增强 5G 网络基础设施安全防护、数据安全和应用安全保障能力。

6.2.1　网络规划建设

在 5G 网络规划建设阶段，安全要求如下。

- ❑ 采用合理的网络安全架构，确保 5G 网络满足安全基线要求，包括安全网络架构、安全配置、网络管理、事件管理及安全更新等。
- ❑ 确保网络虚拟化配置安全。5G 网络采用网络功能虚拟化技术，虚拟机和容器的安全边界将直接影响到对网元的控制，需要在做好物理隔离的同时，加强对虚拟化网元的控制权限管理。
- ❑ 针对边缘计算部署场景，边缘计算平台、用户面功能（UPF）等会下沉到网络边缘物理环境相对较差的地方，需要加强机房、网元等的物理安全保护，并严格管控人员及访问权限，避免引发对核心网的攻击。
- ❑ 严控访问控制权限。严格控制对于虚拟网元的访问权限、远程访问权限，确保认证、鉴权、日志、审计符合相关标准要求，重要数据访问、配置变更等可管、可控。
- ❑ 应设计完善的边界安全防护能力，以便应对诸如从互联网发起的 DDoS 攻击等各类网络攻击。此外，还需要考虑网络安全域间及域内的隔离和访问控制，规划部署核心网以及边缘节点的安全防护和风险监测技术手段。

6.2.2　网络部署运行

在 5G 网络部署运行阶段，安全要求如下。

- ❑ 做好 5G 网络运行维护安全管理。针对 5G 网络运维粒度细和运营角色多等特点，明确 5G 网络安全责任和人员，提高运行维护技术保障能力，增强从业人员操作规范性，加强 5G 网络运维人员操作及数据权限控制，做好日志记录；部署安全管理系统，监控管理关键网元安全。

❑ 构建 5G 网络安全防御体系和手段能力。构建 5G 网络安全威胁漏洞闭环管理机制和整改机制，开展企业内部网络安全巡检和督查，及时发现系统脆弱性，并针对系统脆弱性部署应对措施，加强软件升级与补丁管理；构建 5G 网络威胁监测、全局感知、预警防护、追踪溯源、联动处置一体化网络安全防御体系和手段能力，对安全态势和网络攻击进行探测与感知，及时应对潜在的攻击；加强 5G 网络安全威胁漏洞信息共享和协同处置，预测安全发展趋势，主动规避风险。

❑ 制定 5G 网络安全事件应急机制及备份恢复预案，定期开展 5G 网络安全、数据安全和管制应急演练，提升综合应急响应能力。

❑ 建立 5G 供应商备案和后评价机制，强化 5G 产品和服务提供商动态安全管理。

6.2.3　支撑融合应用

在支撑融合应用阶段，安全要求如下。

❑ 对 5G+业务进行安全分类分级管理。结合 5G 融合应用网络组网安全需求，对 5G 应用进行安全分级，对不同安全级别的应用给予不同级别的安全防护。

❑ 针对各类 5G 典型应用场景，采取有针对性的安全保障措施。一般情况下，针对 5G 增强型移动宽带（eMMB）场景，需做好超大流量下网络组网安全和监测手段升级部署。针对 5G 海量机器类通信（mMTC）场景，需加强智能化动态行为分析和处置手段建设，及时发现并阻断网络攻击。针对 5G 超高可靠低时延通信（uRLLC）场景，需在保证低时延基础上统筹优化业务接入认证、数据加解密等环节的安全机制。

❑ 动态评估 5G 融合应用安全风险。建立安全风险自评估机制，定期或在业务功能新上线、用户人数达到阈值时开展安全风险评估，对发现的薄弱环节和重点风险及时采取措施。

❑ 为了更好地开展垂直行业应用业务，可以向应用提供商开放网络安全能力，在这种场景下需要做好安全相关数据的隔离。

❑ 做好 5G 融合应用数据安全保护。针对 5G 典型应用场景和数据特性，围绕数据分类分级、数据脱敏、权限管理、备份恢复、安全审计等方面部署数据安全管理措施和技术手段。

❑ 此外，5G 融合应用业务中可能会涉及用户的高精度位置信息、用户精准画像和生物识别信息，需要采取高级别的保护措施。

6.3　5G 网络安全域

6.3.1　安全域划分

在 5G 网络中，不同类型的设备通常部署在不同的物理环境中。一般来说，核心网设备通常部署在安全保障条件较好的中心机房，而边缘设备、物联网终端设备等则部署在安全保障条件相对较差的物理环境中。同一类型的设备（如 5G 核心网设备）通常部署在同样的物理环境中，其安全需求也基本相同，因此可以考虑将这些设备及其组网看成一个整体来统一进行安全保护，称之为网络安全域。不同类型的设备及其组网组成不同的网络安全域。不同安全域之间的互通需要进行安全防护，同一安全域内部的不同系统/网元之间也需要进行安全防护。

5G 网络安全域的划分原则主要包括：设备的安全需求；与其他网元之间的关系；基础连接的物理环境，以及传递信息的价值等。同时，划分成不同的安全域之后，不应过多影响域间互联互通的效率。

5G 网络有两种组网模式：非独立组网（NSA）模式和独立组网（SA）模式。

在非独立组网模式下，采用 4G 核心网（EPC）加 5G 基站的方式，传输、核心网、业务系统与现网保持一致。因此，5G NSA 网络安全域与 4G 网络安全域基本相同，即无线接入域、核心网域、互联网域、网管域、计费域。

在独立组网模式下，核心网不再基于 4G 核心网，而是采用独立的 5G 核心网（5GC），引入了网络功能虚拟化、服务化架构和边缘计算等新技术新特征。安全域划分除了仍包括无线接入域、核心网域、互联网域、网管域、计费域这 5 大域，还需要对核心网进行进一步细分，按照网元功能、部署位置、网络连接与边界防护的原则进行子域划分，即划分成不同的安全子域。

6.3.2　安全域访问保护

5G 网络中，不同安全域之间互通时，需要进行边界控制。同时，为防止同一个安全域内的某个网元受到攻击后，影响其他网元或者本网元的其他业务，同一安全域内也需要进行访问保护。

不同安全域间互通时，通常采取的安全保护措施有以下几项。

❏ 部署防火墙：防火墙是实现安全域隔离和网络层防攻击的主要设备。5G 网络中，在核心网安全域和无线安全域之间，互联网安全域和核心安全域之间，部署防火墙进行边界防护。针对不同安全域互通的需求可启用不同的安全防护功能，例如 NAT、策略、带宽限制等。此外，两个非信任的安全域间互通时，可部署两层以上异构防火墙。

❏ 部署安全设备：如抗 DDoS、IDS/IPS、漏洞扫描设备等，用于检测和防护来自外网的流量以及 APT 攻击。

❏ 物理或逻辑部署隔离：不同安全域可部署不同的服务器进行物理隔离，如果共用物理网络可采用逻辑隔离。

❏ 通信隔离：不同安全域之间的通信基于 VLAN/VXLAN（虚拟可扩展局域网）/VPN 等方式进行隔离。

❏ 访问控制：不同安全域之间配置访问控制策略，例如白名单等。

❏ 传输安全：在不同安全域之间采用 TLS/IPSec 等安全传输通道。

安全域内部的不同系统/网元之间也需要进行访问保护，主要措施如下。

❏ 对设备进行隔离。通过路由策略、VLAN 等方式对设备进行隔离。

❏ 对不同业务流量进行隔离，可以通过接口、VPN/VLAN/VXLAN 等对信令面、数据面、计费流量等不同的业务流进行通信隔离。

❏ 访问控制。针对不同的服务和接口，进行 ACL 包过滤，以防止非法流量访问，减少攻击面。

❏ 传输安全。通过安全加密协议（如 TLS/IPSec 等）来保障网元之间的传输安全。

❏ IP 层和应用层防护。网元在 IP 层和应用层提供防止畸形报文攻击、防止各种 DoS 攻击的能力。

第 7 章　5G 安全评测

为进一步推动 5G 安全产业研发和应用落地工作，工信部提出了建立国际通行、客观、中立的 5G 安全评测体系，实现互信、互认的工作思路；建立 5G 网络和设备安全评测体系；加强 5G 网络和设备的安全评测，制定相关检测规范，开展网络和关键设备安全性检测；指导设备商对产品安全能力进行合理的设计、研发和自评估，并指导运营商在设备采购、网络建设、运营维护、设备退网等阶段开展安全能力评估。

7.1　国际网络设备安全认证体系

7.1.1　CC 认证体系

信息技术安全性评估通用准则（Common Criteria for Information Technology Security Evaluation，简称 CC）是 IT 领域公认的信息安全认证，其标准最初由美国、英国和加拿大等国家制定并维护，后授权 ISO（国际标准化组织）/IEC 使用和维护，从而成为国际标准。

CC 的目标是减少重复性的认证工作，所以比较重视证书的互认，但同时对评估实验室要求较高，要求严格按照 CC 标准规定的程序执行。CC 可应用于 IT 产品的研发、生产、测试和评估，具有很好的可扩展性和适用性。

1. CC 标准体系发展进程

CC 标准体系的发展进程如图 7-1 所示，1993 年 6 月 CC 第一版发布，1998 年 5 月 CC 第二版发布，1999 年 10 月 CC V2.1 版发布，并且成为 ISO 标准。最新版是 CC V3.1 Revision 5。

1999 年，ISO/IEC 吸纳 CC V2.1 版本体系，ISO 的标准号是 ISO/IEC 15408:1999。目前，我国等同采用 ISO/IEC 15408-2005 为 GB/T 18336-2008，对标的 CC 标准是 CC V2.3。目前 CC V3.1 Revision 5 是最新版本。CC V3.1 分为 3 部分：介绍和通用模型、安全功能需求和安全保障需求。

图 7-1　CC 标准体系的发展进程

2. 标准主要内容

CC 的主要思想和框架充分突出了"保护轮廓"（Protect Profile）概念。CC 的认证主要包括以下过程。

❑ 评估目标 TOE：确定进行评估的对象产品，即具体的网络设备产品或者服务。

❑ 安全目标 ST：某个特定的评估目标需要满足安全功能要求和安全保障要求。

❑ 保护轮廓 PP：对某一类产品提出的安全功能和安全保障要求。

CC 中进行评估的安全功能组件主要包括安全审计、通信、密码支持、用户数据保护、标识和鉴别、安全管理、隐秘、TSF 保护、资源利用、TOE 访问和可信路径/信道。

CC 将评估过程划分为功能和保证两部分，评估等级分为 EAL1、EAL2、EAL3、EAL4、EAL5、EAL6 和 EAL7 共 7 个等级。每一等级均需评估 7 个功能类，分别是配置管理、分发和操作、开发过程、指导文献、生命期的技术支持、测试和脆弱性评估。等级越高，表示通过认证需要满足的安全保证要求越多，系统的安全特性越可靠。

EAL 不衡量系统本身的安全性，只表示测试的严格程度。实现特定的 EAL 等级，产品或系统需要满足特定的安全保证要求。大多数要求包括设计文档、设计分析、功能测试、穿透测试。等级越高，需要越详细的文档、分析和测试。一般实现更高的 EAL 认证，需要耗费更多的时间和金钱。通过特定等级的 EAL 认证，表示产品或系统能够满足该等级的所有安全保证要求。

3. CCRA 互认

CC 证书可由证书颁发机构（CAS）颁发，在 CCRA（通用准则互认协议）成员中互认。CCRA 成员所采用的 CC 评估和认证体系设有认证机构和授权的评估实验室。目前 CCRA 成员总计 30 个国家/地区，其中 18 个国家/地区的相关政府机构拥有自己的评估认证体系，可进行认证证书的颁发并接受互认；剩余的 12 个国家/地区接受和认可来自上述国家/地区颁发的认证结果。

4. 检测实验室

CC 认证由 CC 许可的实验室负责评估。目前许可的实验室有 78 家，主要来自 CCRA 国家。中国不是 CCRA 成员，国内也没有获得 CC 许可的实验室。

7.1.2　NESAS 认证体系

全球移动通信系统协会（GSMA）已经与负责制定全球通信技术标准的第三代合作伙伴计划（3GPP）合作推出了网络设备安全保障计划（NESAS）。

GSMA 建议政府和运营商共同努力，在国际的测试和认证制度上达成一致意见，以保证大众对移动通信网络安全的信任，同时维护网络设备供应商的良性竞争。NESAS 的目标是通过制定业界认同的安全基线，为设备供应商和运营商提供安全保证。对设备供应商来说，NESAS 将有助于避免由于各个国家和地区的管制要求差异以及运营商的需求差异所导致的安全需求的碎片化。

1. NESAS 文档结构

NESAS 框架主要支持审计评估和测试评估两种方法。NESAS 制定了审计评估的系列文档，包括设计安全性、系统版本控制性、代码或软件安全性、脆弱性修正能力、信息安全管理能力、环境和工具、安全通信、客户文档、员工培训等方面的相关要求，另外引用 3GPP 制定的安全保障规范（SCAS）系列规范作为测试评估的要求。NESAS 的文档结构如图 7-2 所示。

（1）产品开发过程和生命周期审计评估。

安全的产品在开发制造和投入使用的整个生命周期中应集成安全机制，GSMA 可以指定一个独立的审计团队来对这些过程进行审计，包括 FS.15 和 FS.16 规范。

- ❑　FS.15 Network Equipment Security Assurance Scheme - Product Development and Lifecycle Accreditation Methodology 定义了对过程进行认可（accreditation）的方法论，描述了执行审计和认证的过程。
- ❑　FS.16 Network Equipment Security Assurance Scheme - Vendor Development and Product

Lifecycle Security Requirements 定义了厂商获得认可（accreditation）需要满足的要求，独立审计团队也是根据这些需求来对厂商进行评估的。

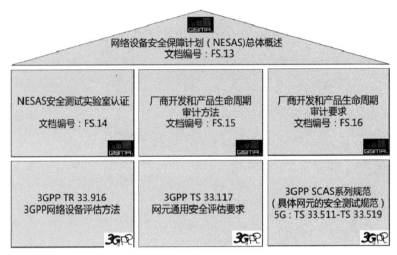

图 7-2　NESAS 的文档结构

这些需求是针对 IT 信息产品的一些通用元素和需求，所以适用于通信网络产品，包括 5G 网络。但也由于其通用性，没有专门针对 5G 的条目。

（2）关于安全测试实验室认证需求和过程。

测试评估是由 GSMA 认可的安全测试实验室来承担的，它们是厂商安全设备的主体，要成为 GSMA 认可的安全测试实验室，需要经过 ISO 17025 认证。安全测试实验室的认证需求和过程在 GSMA 的 FS.14 Network Equipment Security Assurance Scheme Security Test Laboratory Accreditation Requirements and Process 中定义。

（3）安全测试评估依据 3GPP SCAS 系列规范。

为了确保 3GPP 定义的各个网元的安全性，3GPP 定义了一系列针对网元安全风险描述、测试用例及加固措施的技术报告（TR）和技术规范（TS），它们之间的关系如图 7-3 所示。

其中 TR 33.805 作为一个研究报告讨论了 3GPP 网络产品安全评估的方法，介绍了目前最为广泛使用的对 IT 产品进行安全评估的 CC，并分析了 CC 对 3GPP 网络产品的适用性。TR 33.805 认为 CC 中的分级是对不同评估范畴、不同评估深度和不同评估技术手段的包装。在 CC 中评估等级从 EAL2 到 EAL4，不同的等级刻画了安全评估的实施程度和安全保障的不同均衡点。3GPP 认为其 3GPP 网络产品的评估范畴、评估深度应该是比较确定的，所以不需要 CC 的评估等级，也不需要 CC 的证书许可过程。所以该研究报告中建议借用 CC 的一些方法论，针对 3GPP 网络产品专门制定一套安全要求和测试用例。

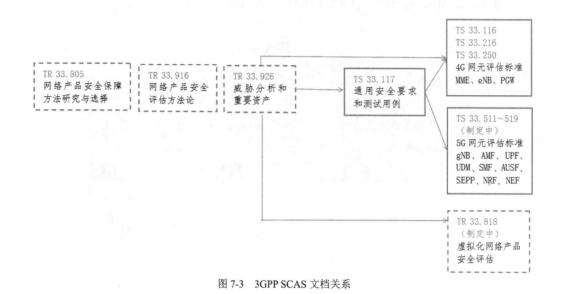

图 7-3　3GPP SCAS 文档关系

SCAS 的方法论包括：建立在网络产品的威胁分析上；对于每一类网络产品采用单一的安全基线和单一的安全评估等级。

SCAS 的评估分为安全一致性测试、基本的渗透测试和增强的渗透测试。

TR 33.916 则基于 TR 33.805 确定的方法论技术路线，对方法论的具体落实进行描述，包括如何撰写一个网络产品的 SCAS 文档，以及分为哪些步骤；安全描述、测试用例必须包含哪些内容；评估应该由哪些步骤组成，参与者分别承担什么角色等。TR 33.805 和 TR 33.916 的关系是，TR 33.805 探讨了几种可行的方法论，包括 CC 和发展 3GPP 的评估方法论，而 TR 33.916 则明确了使用 3GPP 的方法论，并对方法论的细节进行了阐述。

TR 33.926 对网络产品的分类（从安全的角度）、所面临的安全风险、需要保护的关键资产等进行了识别和描述。从安全的视角来看，网络产品虽然功能不同，但在安全威胁和安全评估上是有部分共性的，这些共性可以形成一些安全评估的最小集。

关于安全产品的其他功能上特定的安全需求，可以在最小集的基础上使用增量来描述。这个最小集形成一份正式的 SCAS 规范（TS 33.117 Catalogue of General Security Assurance Requirements）。其他增量部分，包括针对 MME 的 TS 33.116 Security Assurance Specification (SCAS) for MME network product class、针对 eNB 的 TS 33.216 Security Assurance Specification (SCAS) for evolved Node B(eNB) network product class、针对 PGW（分组数据网网关）的 TS

33.250 Security Assurance Specification (SCAS) for PGW network product class 以及针对 5G 的一系列 SCAS 规范。

2. NESAS 体系进展

针对 GSMA 的文档规范，目前已完成 1.0 版本，GSMA 已经在内部发布。3GPP SCAS 的规范、通用的设备安全保障要求 TS 33.117 已经在 R15 中完成，针对 5G 网元的标准已经完成 R16 的技术规范。

3. NESAS 检测评估机构

NESAS 的安全实验室是指由厂商或者第三方所拥有的安全测试实验室，这个实验室根据 3GPP 的 SCAS 规范来进行安全测试。目前全球执行 NESAS 评估的机构较少，具备审计评估资质的机构主要包括艾特塞克（ATSEC）和 NCC Group，具备检测资质的实验室目前仅有西班牙的 Epoche。

4. NESAS 的测评流程

NESAS 的测评流程如图 7-4 所示，包括以下步骤。

（1）GSMA 制定安全认可相关的程序和管理办法，3GPP 制定 SCAS 系列安全检测标准。

（2）由 GSMA 认可的审计小组负责按照 NESAS 管理规范对厂商进行安全管理评估。

（3）由认可机构认可的实验室（依据 ISO/IEC 17025）根据 3GPP SCAS 标准对产品进行检测，并结合审计小组的审计报告，开具评估报告。

（4）厂商向运营商提供评估报告，供运营商采购以及后续运维参考。

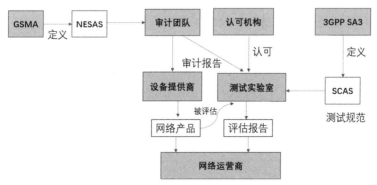

（图片来源：GSMA）

图 7-4　NESAS 的测评流程

7.1.3　CNAS 认证体系

中国合格评定国家认可委员会（CNAS）目前对信息安全开展认可，其中 CNAS 可以依据认可的规范，对认证机构进行认可，对实验室进行认可。此外，CNAS 还具备国际互认，包括国际认可论坛 IMF、国际实验室认可合作组织 ILAC 以及亚太认可合作组织 APAC 等。

国内信息安全认证主要依据 GB/T 18336-2008（对标 ISO/IEC 15408 体系）开展，CNAS 对认证机构认可主要依据 ISO/IEC 认证体系开展（如 ISO/IEC 17065）。CNAS 在国内认可的认证机构主要包括中国网络安全审查技术与认证中心（原中国信息安全认证中心［ISCCC］）等。CNAS 对检测实验室的认可基于实验室认可体系（如 ISO/IEC 17025/17020 等）开展，国内得到 CNAS 认可的检测实验室包括中国信息安全测评中心、泰尔实验室等。

目前实验室检测的产品主要是 IT 类网络产品和安全产品，包括防火墙、安全路由器、网络隔离卡与线路选择器、安全操作系统、智能卡 COS、安全数据库系统、安全审计产品、网络脆弱性扫描产品、网络恢复产品、数据备份与恢复产品、入侵检测系统等。

因此，我国与 CCRA 采用基本类似的评测认证体系，遵循同样技术层面的评测准则和方法论。但目前我国未加入 CCRA，因此认证结果无法国际互认。

7.1.4　我国 5G 网络设备安全认证体系建议

在我国 5G 网络设备安全体系选择方面，主要有 CC 和 NESAS 两类体系可选择借鉴。下面对这两类体系进行对比，提出适用于我国的 5G 设备安全评估认证体系。

1. CC 认证体系与 NESAS 认证体系的对比

CC 认证体系与 NESAS 认证体系的对比如表 7-1 所示。关于 CC 安全认证，由于我国不是 CCRA 的成员国，企业无法在我国境内申请 CC 安全认证。我国目前也有类似的 IT 产品安全认证，只是国内颁发的信息安全认证证书仅在国内有效，在国际上并未被认可。国内的安全认证活动所依据的检测标准为 GB/T 18336-2008，所认证的产品包括防火墙、入侵检测系统、安全操作系统等 IT 领域的安全产品。

表 7-1　　　　　　　　　　　　CC 认证体系与 NESAS 认证体系的对比

项目	CC 认证体系	NESAS 认证体系
评估方法	全面、完整，涉及产品的开发、评估以及采购过程	参考了 CC 评估方法，但聚焦电信网级的设备特点

续表

项目	CC 认证体系	NESAS 认证体系
评估对象	IT 领域信息安全产品，包括网络产品+安全产品	移动通信网络产品（基站+核心网网元）
安全能力	安全功能+安全保障要求 EAL1～EAL7 评估等级	安全审计+安全检测 安全基线+Web+操作系统+增强安全
国际互认	CCRA 成员国之间互认，我国为国内认证，未加入 CCRA 互认	体系开放，加入技术壁垒和政治风险较低，实现国际运营商之间互认
已有基础	较成熟，已有国内认证体系，有国标基础（GB/T 18336）	3GPP SCAS 和 NESAS 标准已经发布，我国已经在 CCSA 立项 SCAS 标准

关于 NESAS 认证，目前整个认证体系已经基本建立。按照 GSMA FS.13 规范，NESAS 的认证流程大致如下：首先由厂商提出 NESAS 安全认证申请，然后由认可机构认可的实验室（满足 ISO 17025 质量体系的实验室）负责检测，同时结合审计小组对厂商的审计报告和厂商提供的标准符合性证明材料，出具安全评估报告。

从标准针对性来看，NESAS 标准更符合 5G 网络设备安全检测认证的需求。从认证体系来看，NESAS 认证体系在我国更容易落地，有以下 3 个方面的原因。

（1）NESAS 认证体系还在建立过程中，GSMA 也期望更多的企业参与其中，共同推动该体系的完善，所以对我国来说，所面临的技术壁垒和政治风险较低。

（2）GSMA 是标准组织，不对设备安全能力进行认证，对国内企业来说可以简化申请流程，降低申请成本。

（3）NESAS 对检测实验室资质要求较低，仅要求获得实验室认可机构的认可。对我国来说，我国的实验室认可机构是 CNAS，而获得 CNAS 认可的检测类实验室大概有 100 家。

综上所述，一方面，对我国来说，采用 NESAS 认证体系，可以快速满足我国企业对 5G 产品国际安全认证的需求。另一方面，如果我国采用 NESAS 安全检测体系，可以提升 NESAS 认证体系的国际影响力，也将提高我国在该认证体系内的话语权。

2. 我国 5G 设备安全认证体系

我国 5G 安全认证工作可以分两步走：近期目标是依托 NESAS 标准和 NESAS 认证工作流程建立我国 5G 安全认证体系；远期目标是推动国内 5G 安全认证体系与 NESAS 认证体系的对接和评估报告的国际互认。对于近期目标，可按照以下路径实施。

步骤 1．开展 5G 网络设备安全测评标准制定。

参考 3GPP SCAS 制定我国 5G 设备安全保障标准，参考 GSMA 规范制定我国安全审计相关标准。

步骤 2.　通过安全实验室进行安全审计和安全测试。

通过认可的第三方安全检测实验室，基于 SCAS 标准对 5G 设备进行安全检测；依据 NESAS 规范对产品研发和生命周期管理流程进行安全审计。

步骤 3.　安全结果认证。

结合检测和审计结果，对 5G 设备的安全性进行评估；通过安全测评的结果，由实验室出具测试报告和检测/检验证书。

7.2　5G 安全评测体系

5G 安全评测体系架构如图 7-5 所示，主要分为 6 部分评测内容，分别为终端设备安全、网络设备安全、通信网络安全、应用安全、数据安全和供应链安全。这 6 个部分的内容分别与 5G 网络的组成元素对应。

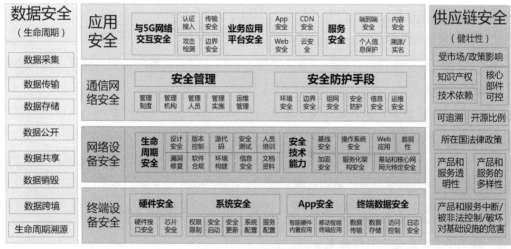

图 7-5　5G 安全评测体系架构

7.2.1　评测对象

在 5G 安全评测体系中，评测对象包括两类。

❑　责任主体：指参与到 5G 各个环节的单位实体，主要是运营者、产品和服务提供者，包括 5G 终端和网络设备的制造商（集成商）、5G 网络运营商、通过 5G 网络提供互联网服务的互联网服务提供商等。

- ❑ 资产：包括 5G 终端、5G 网络设备、5G 通信网络、运营商相关支撑平台与系统、互联网信息服务提供商相关业务平台、服务、个人/网络/应用数据等。一般来说，资产归相应的责任主体所有。当资产在责任主体之间流动变更所有权时，就产生了资产责任主体变更，也就形成了供应链条。

5G 安全评测对象如表 7-2 所示。

表 7-2　　　　　　　　　　　　　　　5G 安全评测对象

评测内容	评测对象（责任主体）	评测对象（资产）	包含元素
终端安全	终端研发、制造、集成厂商	5G 手机终端、平板电脑	核心芯片（CPU、基带、无线射频）存储（RAM、ROM）操作系统App
		IoT 终端（模组）	
		CPE	
网络设备安全	设备厂商	基站	DU、CU、天线
		核心网网元	AMF、SMF、UPF、UDM、NSSF、PCF、NRF、NEF、AUSF 等
		虚拟化资产	硬件、NFVI、VNF、MANO 等
		MEC 设备	MEC Host（VIM、MEP、App、MEPM）MEC System（MEO）
通信网络安全	运营商	通信机房	机柜、电源、制冷、监控、消防等
		网络切片	基站+核心网网元集合
		基础电信业务	语音、短消息、定位等
		电信云平台	硬件、中间件、云管理
		OSS	网管、计费、营账、日志、客服等
应用安全	运营商、互联网信息服务提供商、垂直行业服务提供商	业务平台	公/私有云平台、CDN、IDC、专网
		App	各类 App
		内容源	VR、AR、超清视频等
		个人隐私	账号、位置、隐私等
数据安全	运营商	信令数据	用户与 5G 网络控制交互信息，包括接入管理、移动性管理、会话管理等控制信息，通常在空口和核心网中加密传输
		用户面数据	通过 5G 网络传输的用户面数据，通常在 GTP 隧道加密传输
		用户签约数据	用户签约 5G 业务数据，包括手机号码、身份证信息、住址、开通业务等
	运营商、互联网信息服务提供商、垂直行业服务提供商	业务应用数据	通过终端和网络与应用交互的业务应用数据，如访问 Web、访问 App 等内容数据

续表

评测内容	评测对象 （责任主体）	评测对象（资产）	包含元素
数据安全	终端、云存储服务的互联网信息服务提供商等	个人隐私数据	个人存储的文本、图片、视频、位置信息等
供应链安全	终端研发、制造、集成厂商 通信设备厂商 云平台厂商	关键技术（知识产权）	调制编码、天线、密码算法、AI 算法等
		基础硬件	无线射频、FPGA、基带、CPU 等
		基础软件	操作系统、EDA、数据库、云软件等
		市场依赖关系	供货来源、销售客户等
		产品服务透明性和风险	供应商可信、产品和服务可信、供应链合规等

7.2.2　评测目标

对责任主体（运营者、产品和服务提供者）进行评测的目的是评测其是否对其产品、网络和服务进行了安全管理，包括产品提供者在产品设计、开发、测试、使用、交易等环节，网络运营者在网络设计、规划、建设、使用、运维等环节，服务提供者在服务设计、实施、质量管理等环节是否均遵循了必要的安全性规定，是否对相关安全要求进行了实施。对责任主体的安全评测应偏重于安全管理，重点关注过程。

对资产进行安全评测的目的是评测运营者、产品和服务提供者的产品、网络和服务是否满足安全性要求。对资产的安全性评测应偏重于技术能力和技术指标，重点是外在表现的能力。

7.2.3　评测方法

5G 安全用到的评测方法主要包括审计方法、检测方法和评估方法，各方法的说明如下。

❑ 审计（M-AUDIT）方法：对设备厂商、运营商、互联网信息服务提供商所提供的产品和服务进行审计。对产品来讲，审计内容包括产品设计、开发、采购、运行、升级、报废等完整的生命周期过程的安全性；对服务来讲，审计内容包括服务目标、流程、质量、稳定性等。

❑ 检测（M-TEST）方法：一般指采用通用或专用研发的测试工具或仪表，通过实地或远程的方式接入被测对象，通过制定的操作流程，对网络、设备、应用等对象潜在的安全隐患进行技术检测，判断被测对象的反应情况是否符合标准规定的安全要求。

❑ 评估（M-EVAL）方法：依据从评估对象收集的各种信息（包括审计和检测），利用一套指标体系对评估对象整体的安全能力进行评价（例如分级）。安全评估一般包括风险等级评估和安全等级评估，前者是对产品或服务面临的安全风险进行评估，后者是对产品和服务是否具备符合一定要求的安全能力进行评估。

每种方法适用于不同的评测内容，为了完成评测，通常需要结合使用两种或三种方法（见表 7-3）。

表 7-3　　　　　　　　　　　　　　　　　评测内容及方法

评测内容	终端安全	网络设备安全	通信网络安全	数据安全	应用安全	供应链安全
评测方法	M-TEST	M-AUDIT M-TEST	M-AUDIT M-TEST M-EVAL	M-AUDIT M-TEST M-EVAL	M-AUDIT M-TEST M-EVAL	M-AUDIT M-EVAL

7.2.4　评测流程

5G 安全评测的流程如图 7-6 所示。

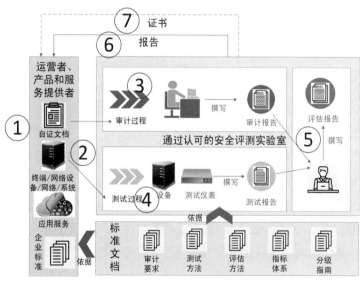

图 7-6　5G 安全评测的流程

步骤 1.　运营者、产品和服务提供者依据国际和国内安全评测标准文档和企业自身的标准文档，对各自需要进行评测的对象进行安全评测，并形成自证文档。

步骤 2.　被评测方将评测对象和自证文档递交给通过认可的安全评测实验室，如果评测对象不方便递交（例如信息系统等），被评测方可向实验室申请在被评测方的网络环境中进行测试。实验室应检查运营者、产品和服务提供者提供的环境是否满足可开展审计或评测的条件。

步骤 3.　实验室依据国际/国家/行业标准文档，对被评测方提供的自证文档进行审计，被评测方的人员应按要求提供配合，并提供额外需要的细节文档说明，出具审计报告。

步骤 4.　实验室对被评测方的产品和服务进行测试，通过仪表测试是否满足标准要求，并出具测试报告。

步骤 5.　实验室将测试报告提交给评估人员，专业评估人员依据国际/国家/行业标准文档，以及审计和测试结果，对产品和服务的安全性进行评估，并出具评估报告。

步骤 6.　实验室将审计报告、测试报告和评估报告反馈给被评测方。

步骤 7.　如果实验室具备认证资质（例如 ISO/IEC 27000，CNAS），可向运营者、产品和服务提供者颁发安全证书（如 CNAS 证书）。

7.3　5G 网络设备安全评测

7.3.1　5G 网络设备安全评估能力要求

1. 5G 网络设备安全能力视图

5G 网络设备安全能力的视图如图 7-7 所示，包括安全基线要求、5G 设备专用安全机制要求以及安全管理/运维要求。安全基线要求适用于移动通信设备，5G 设备专用安全机制要求适用于 5G 网络设备的特殊安全能力，安全管理/运维要求主要指外部安全防御机制的安全。各部分之间的能力又有所交叉，每部分说明如下。

❑　安全基线要求：安全技术基线是满足所有网络设备安全需求的通用集合。这些需求应对相关的安全威胁和安全目标，其主要目的是保证网络设备的机密性、完整性和可用性。安全基线要求主要包括数据和信息保护、可用性和完整性保护、认证和授权、会话保护、日志。针对于通用移动通信设备，安全基线要求包括操作系统安全、防干扰防窃听、源代码安全、开源软件管理安全、安全存储等。

❑　5G 设备专用安全机制要求：这一部分的安全机制主要与 5G 设备的特有安全能力相关，包括安全协议、虚拟化安全、网络切片安全等，例如 HTTP/2 加密、GTP 协议安全、5G 空口安全、5G 身份隐私保护等。3GPP SCAS 的网元安全能力主要涉及这一部分的安全能力，并针对不同网元协议的安全性，例如信令加密、信令中不包含用户身份标识等。

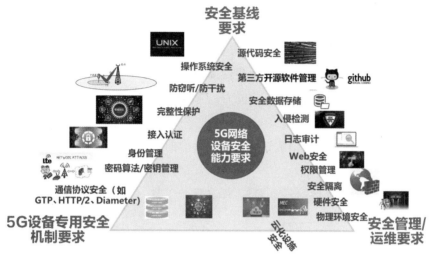

图 7-7 5G 网络设备安全能力的视图

❑ 安全管理/运维要求：这一部分往往被忽略，主要包括 5G 网络设备外部的安全防护机制，包括设备部署物理环境的安全、软硬件安全、安全审计、入侵检测、漏洞扫描、安全隔离等。

2. 5G 网络设备安全能力检测实例

5G 网络设备的安全检测要求包括多个方面，下面列举一些重点的检测实例。

❑ 安全设计功能要求，包括身份管理、认证管理、证书管理、会话管理、完整性保护、密码算法、密钥管理、隐私保护等功能。

❑ 安全渗透测试，包括采用商用工具或开源工具进行的 Fuzz（模糊）测试。

❑ 源代码审计，包括安全编译选项、圈复杂度、文件代码行数、函数代码行数、文件重复率、代码重复率、禁用弱安全算法以及安装包数字签名等质量评估。

❑ 可追溯性，包括设计、代码与现网运行一致性。

❑ 第三方和开源软件生命周期管理，包括漏洞管理、版本更新、版本归一化、编译环境归一化等。

在 5G 网络设备开发生命周期技术要求中，其中可信方面非常重要，比如硬件设备的物理可信根是硬件设备的唯一可信标识。设备可信要求主要包括以下几个方面。

❑ 可信设计：在可信管理方面，包括身份管理、认证管理、授权管理、证书管理、会话管理、完整性保护。在支持可信能力方面，需要设计安全的密码算法、密钥管理机制、隐私保护、日志审计、协议鲁棒性等。另外，针对物理硬件的安全，需要考虑设计硬件可信根、拒绝服务、安全启动、安全隔离、权限最小化、漏洞管理和安全存储等功能。

❑ 可信开发：在 5G 设备中会有第三方企业参与，所以需要通过开发可信的第三方软件，保证第三方软件的归一化和软件生命周期。

❑ 可信测试：为了验证设备的可信能力，需要通过模糊测试、渗透测试等方式对 5G 设备能力进行可信测试。

除可信设计、可信开发和可信测试方面外，可信的运营/运维管理也非常重要，包括以下内容。

❑ 可信更新/升级：包括第三方 OS、库文件、工具、组件更新、热补丁，以及可信的远程升级等。

❑ 可信部署：包括安全加固、完整性保护等。

❑ 可信运营：在网络的运营过程中，实时关注设备的运行状态，对于异常情况能够进行及时告警和应急响应。

7.3.2　5G 网络设备安全国际认证体系

1.　模式 1：NESAS 体系

目前，GSMA 的 NESAS 体系已经基本建立完成，建议各国企业共同参与 GSMA 的 NESAS 认证体系，通过 NESAS 定义的测评流程开展 5G 网络设备安全认证。

之前德国已经公开表示支持 NESAS 体系开展 5G 设备的安全认证。在 NESAS 体系下，我国可以申请具备评估的实验室能力认可，然后基于 GSMA 标准和 SCAS 标准开展 5G 设备的安全审计和安全检测的评估，从而形成评估结果报告。

NESAS 体系下，通过认证的设备可以在 NESAS 成员中得到互认，而不需要再次进行安全检测和评估。

应用 NESAS 体系实现国际互认具有以下优势。

❑ 认证范围广：GSMA 为全球化组织，目前成员有 218 个国家的 750 多个运营商和设备厂商，如果能够实现互认，则可以在全球很大范围内推广。

❑ 规范较成熟：NESAS 测试评估体制已基本成熟，GSMA 的安全审计标准已经完成 1.0 版本，3GPP SCAS 标准已经完成 R16，当前部分设备企业已经开展了引导测试。

然而，应用 NESAS 体系也具有一定的局限性，包括以下几个方面。

❑ 各国对于 NESAS 体系的认可仍不一致：虽然西班牙、德国表示过支持 NESAS，但是目前英国等国家还在使用 CC 进行安全评测，而且德国表示 NESAS 只是基线要求，还需要各国做增量。

❑ 政府推动力不足：GSMA 的 NESAS 体系主要是在全球运营商范围内实现互认，政府层面认可不足（政府层面更多从非技术因素考虑，比如供应链可靠性等），可能难以打消政府层面对 5G 设备安全能力的疑虑。

2. 模式 2：欧盟网络安全认证框架

认证在增加对数字单一市场至关重要的产品、服务的可信任度和安全方面发挥着关键作用。目前，欧盟有许多不同的 ICT 产品安全认证方案。如果没有一个可以在整个欧盟范围内有效适用的网络安全证书方案的共同框架，会导致欧盟单一市场中出现分裂和壁垒的风险越来越高。

2019 年 6 月 27 日，欧盟《关于欧洲网络与信息安全局信息和通信技术的网络安全》条例（以下简称欧盟网络安全法）正式生效，明确了欧盟网络与信息安全局（ENISA）的工作目标、职责和组织事项，并建立统一的欧洲网络安全认证框架，由 ENISA 统一协调（见图 7-8），并将与欧洲网络安全认证小组合作，负责设计产品和服务的认证方案。

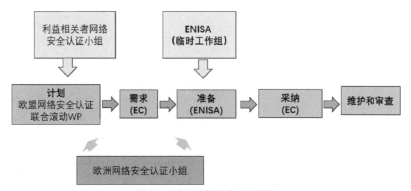

图 7-8　欧盟网络安全认证框架

在确立认证方案的基础上，ICT 产品制造商或 ICT 服务提供者可自愿向其选择的评估机构申请对其产品或服务进行认证。ENISA 将每 5 年审查一次通过的各项认证方案，以确保这些方案继续符合欧盟网络安全法的目标。任何现有的国家网络安全认证方案都将被新的全欧盟网络安全认证框架所取代。然而，全欧盟范围的认证方案仍将由成员国指定的国家监督机构负责。

符合认证框架的 ICT 产品和服务将由合格评定机构按照以下 3 个保证级别之一进行认证，即基本安全（basic）、充分安全（substantial）、高级别安全（high level）。证书的最长有效期为 5 年，并可续期。

因此，我国可在欧盟网络安全法提出的欧洲网络安全认证框架下，开展与欧盟的研究合作，共同制定符合中欧利益的网络安全认证方案。在该框架下，共同制定相关的网络安全认证方案，可以实现 5G 设备安全能力在我国和欧洲范围内的结果互认。

然而，应用欧盟网络安全认证框架也有一定的风险，包括以下方面。

❑ 在欧洲网络安全认证框架下，其中用到的评测方法、标准、流程等可能受到欧盟制约。据了解，英国 NSCS、德国 BSI 等采用的安全评估准则非常复杂，包括源代码审计、渗透测试等。

❑ 目前该框架主要目的是针对欧盟单一市场，我国参与的透明化合作方面存在不确定因素。

第8章 5G安全热点领域

8.1 "智慧城市"安全

8.1.1 概述

根据 ISO 的定义，智慧城市指的是在已建环境中，对物理系统、数字系统、人类系统进行有效整合，从而为市民提供一个可持续的、繁荣的、包容性的综合环境系统。智慧城市能够将新一代信息通信技术与城市发展深度融合，促进形成城市规划、建设、管理和服务智慧化的新理念和新模式。智慧城市的本质是运用现代信息技术推动城市运行系统的互联、高效和智能，为人们创造更加美好的生活，使城市发展更加和谐、更具活力。

我国高度重视智慧城市的建设，将智慧城市作为数字中国、智慧社会的核心载体。2016年，习近平总书记指出，"要以信息化推进国家治理体系和治理能力现代化，统筹发展电子政务，构建一体化在线服务平台，分级分类推进新型智慧城市建设"。各级政府立足于我国信息化和新型城镇化发展实际，在《中华人民共和国国民经济和社会发展第十三个五年规划纲要》《国家信息化发展战略纲要》和《"十三五"国家信息化规划》、省级智慧城市指导意见等文件中明确提出了智慧城市的分级分类发展目标和行动计划。

我国智慧城市历经三大发展阶段，分别是概念导入期（2008年～2012年）、试点探索期（2012年～2015年）以及统筹推进期（2016年至今）。如图8-1所示。目前已进入统筹推进期，后续将进一步叠加5G、大数据、人工智能等新技术发展红利，推动智慧城市网络化、智能化的新模式、新业态涌现，形成无所不在的智能服务。

2020年3月4日，中共中央政治局常务委员会会议强调"加快5G网络、数据中心等新型基础设施建设进度"。在"新基建"的背景下，新型智慧城市的建设迎来了新的机遇。新型智慧城市可通过 5G、特高压、城际高速铁路、工业互联网、物联网、车联网、大数据中心、人工智能、新能源等新型基础设施，促进城市中信息空间、物理空间和社会空间的融合，并通过丰富的应用系统，加速城市经济发展与转型，提高政府及公共服务的效率，方便市民的工作生活，有效地保护和利用环境，实现经济、社会、环境的和谐发展。

5G 具有高可靠、低时延、高带宽等特性，可高效地将城市的系统和服务打通、集成，提升资源运用的效率，优化城市管理和服务，改善人们的生活质量。加快 5G 信息通信技术与城市发展深度融合，通过信息化手段解决城镇化进程中的问题，既是城市可持续发展的需求，也是 5G 网络融合应用的重要方向。

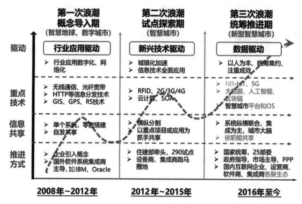

（图片来源：中国信息通信研究院 新型智慧城市发展研究报告）

图 8-1　我国智慧城市三大发展阶段

5G 网络凭借"高带宽、大连接、低时延"特性，将成为新型智慧城市移动网络技术利器。随着 5G 网络与垂直行业的深度融合，在万物互联、高速连接、即时处理服务能力下推动智慧生活、智慧生产、智慧治理、智慧生态等新应用，渗透到城市"感知、分析、服务、指挥、监察"等多个环节，成为新型智慧城市生存和运转的必备要素。

5G 网络服务下的智慧城市对安全的要求将进一步提高。5G 将连接更多样的数字化城市基础设施，实时采集更大量的数据，提供更多层次的数据共享方式，实现更高效的数据融合挖掘能力。5G 在为公众带来更加便捷服务的同时，也使智慧城市应用网络的复杂度呈指数级上升，带来了网络安全防护、数据安全和个人隐私保护等方面的新挑战。此外，城市服务对于网络的依赖性，使得网络空间安全威胁从信息世界走向物理空间，人为或自然灾害引发的网络中断将可能导致政务、医疗、制造系统等的严重瘫痪，影响城市居民的生产生活秩序甚至影响社会稳定。因此，5G 网络在智慧城市领域中应用时，需要在 5G 城市应用中同步规划、设计端到端的安全保障措施。

8.1.2 现状

5G 网络在智慧城市中的应用主要体现在以下几个方面。

- ❑ 支撑城市多维信息采集，主要以传感类数据采集、高清视频类应用为主。通过传感设备全面感知城市港口、道路交通、生态环境、地面沉降等方面的信息，使得工作人员可以通过监控大屏和 VR 眼镜对分析结果及现场情况进行实时观测。

- ❑ 助力城市信息系统间数据的高效传输。智慧城市利用基于 5G 技术的高带宽、低时延、低功耗移动信息网络与其他城市信息基础设施之间实现数据的高效传输。

- ❑ 实现基础设施智能化转型。将传统路灯、井盖、灯杆、桥梁、管网等城市设施进行智能化、网络化改造，形成高度一体化、智能化的新型城市基础设施。例如近年来引入的智能垃圾箱，帮助居民进行垃圾分类，并可以在垃圾桶被填满后自动发出信号等。

- ❑ 提升社会治理的智能化水平和效率。通过汇聚整合各类城市动态数据，支持上层各类智慧城市业务应用，包括社区管理、政务管理、交通管理、港口管理、社保管理等，为各类社会治理服务提供决策支撑，提升社会治理的效率和现代化。例如深圳等地打造的城市大脑，作为智慧城市运营中心提供各类智慧应用。

- ❑ 加快不同领域间的协同运作。通过新型智慧城市工业、农业、通信、电力、交通、水利、金融、医疗、公共卫生、社会保障等关键领域运行者与管理者之间的高效协作，实现整个城市资源的优化配置。

5G 智慧城市总体架构如图 8-2 所示，5G 智慧城市参考架构主要包括终端层、边缘层、网络层、数据平台（技术中台层、行业平台层）和应用层。

图 8-2 中，终端层主要是面向个人用户的手机终端、VR/AR 终端，以及面向垂直行业的工控终端、CPE（客户端设备）和各种传感器等。

边缘层是 5G 时代面向时延敏感应用的边缘计算云，例如为工业制造、自动驾驶、AR/VR等应用部署在企业园区或者运营商边缘接入站点的 MEC 平台。

网络层是覆盖整个智慧城市的端到端 5G 网络，包括无线基站、承载网、5G 核心网以及5G 网络切片。

技术中台层是一些公共的 IT 中台系统，例如 AI（人工智能）中台、数据中台、安全中台等系统。行业平台层是相关垂直行业为了资源、技术的共享复用，集中建设的行业应用平台，例如政务云平台、智慧交通平台以及工业互联网平台等。

应用层是使城市变得精细、智能和便捷的各种智慧应用系统，包括智慧政务、智慧交通、智能制造、智慧电网等。

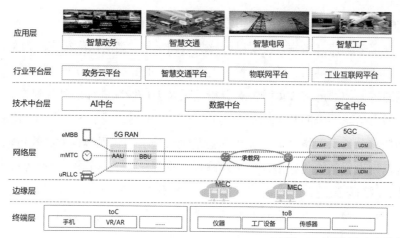

（来源：5G 智慧城市安全需求与架构白皮书）

图 8-2　5G 智慧城市总体架构

在安全方面，由于智慧城市采集的数据涉及城市运转的方方面面，并且需要打破信息孤岛与数据分割，实现数据互联互通和共享，因此必须在智慧城市建设中同步规划网络安全保障体系，确保智慧城市内各类信息资源的合法、安全以及有序地采集、处理和使用。

目前智慧城市的网络安全保障体系主要包括以下内容。

（1）在规划设计阶段，主要包括安全域划分、数据传输安全机制、网络安全防护措施、安全备份机制等安全功能。

在安全域划分方面，由于智慧城市是一个综合性系统，涉及多个城市子系统和多种系统要素，需要提前识别可能存在的安全风险，因此需要根据数据敏感性和系统重要性区分不同的安全域，同时在不同安全域之间设立安全边界保护，避免由于一个系统的故障导致影响其他系统。

在数据传输安全机制方面，需要防范黑客窃听、拦截及篡改，对敏感信息设计加密和完整性保护，并对各类数据接入采取严格的认证，从而提高安全性。

在网络安全防护措施方面，智慧城市建设依赖于移动通信网络、大数据、云计算、人工智能、区块链等关键技术。这些关键技术中存在的安全漏洞和配置权限都将可能成为潜在漏洞，因此需提前针对这些关键技术部署风险评估、防护设备和策略等。

在安全备份机制方面，要求增加容错能力，确保在紧急状态下维持系统的必要功能。

（2）在运行维护阶段，主要包括安全监测、数据安全保护和应急处置。

在安全监测方面，智慧城市系统上线后，需要实时监测网络流量，及时预警安全风险，并相应地调整安全防护策略。

在数据安全保护方面,智慧城市包含了巨量化、开放化、分布化和多元化的数据。这些海量城市数据被泄露和不当使用的风险急剧提高,需要构建符合城市居民隐私保护要求的数据保护机制,对敏感数据进行严格管制,并规范数据共享和隐私保护机制。

在应急处置方面,做好应急处置预案,确保系统完全宕机的情况下依然能够保证城市的基本公共服务。

8.1.3 风险与挑战

从数据角度来看,5G 网络的引入将助力智慧城市的发展。5G 网络像一个"超级连接"为智慧城市提供更高速、更广的连接,将融入到智慧城市建设的"感知、分析、服务、指挥、监察"等多个环节,为市政基础设施、海洋管理、水务等提供实时反应、高效联动的 5G 应用解决方案。从安全角度来看,5G 网络的引入,将给智慧城市带来更多的安全风险和安全挑战。

❑ 数据量快速增长,安全保障能力面临性能挑战。5G 网络带宽大幅增长,意味着有更多的数据将被送入智慧城市的关键处理节点,这些流量中可能存在的恶意攻击行为将更不易被监测发现,同时,防火墙、入侵检测系统等安全设备的监测能力也将面临巨大挑战。

❑ 数据类型和结构更加多样,采集数据面临安全可信风险。5G 网络使得万物实现了互联,各类新型的设备都可以获取数据,数据类型和结构将更加多样化。数据采集(例如门禁、闸机和摄像头等对视频数据的捕捉和采集)方面,若管理不善则极易侵犯到公民隐私,甚至危及国家和公共安全。此外,由于采集设备来自不同供应商,且部署在面积广大的城市角落,获取的数据是否准确,能否及时发现网络中存在的非法节点或错误数据也面临巨大挑战。

❑ 更深层的数据共享和挖掘,信息传播的安全可控水平亟待提升。5G 网络提供更快的信息传播速度,大幅降低数据共享难度。智慧城市的数据处理中心获取了各类城市居民的消费、出行、社交、交通、环境等时空数据,提升了数据融合分析的能力,但也使得在数据挖掘中保障可控性的难度增大,包括管理维护人员的数据泄露风险;同一个数据共享后可能被多个加工主体处理,信息溯源和定责难度增大;数据分析加工方面,也可能会存在被歪曲解读和虚假上报等问题。

从网络架构角度,智慧城市在终端层、边缘层、网络层、行业中台层和技术中台层、应用层都会面临不同的安全挑战。

（1）终端层。

智慧城市的终端数量大、分布面广，而且软件相对不可控，比较容易被黑客入侵，若没有做好软硬件的安全加固与安全防护，外部入侵可能对终端造成破坏或者信息被窃取。

此外，一方面由于各种物联网终端、个人消费终端数量庞大，不法攻击者入侵之后若将终端作为"肉鸡"发起 DDoS 攻击，将给网络和智慧城市的业务带来重大损失。

另一方面，终端作为智慧城市业务的起止端点，对一些重要的敏感业务，需要提高业务数据的机密性和完整性，防止业务信息被窃听和篡改。

（2）边缘层。

由于 MEC 平台通常部署在运营商的接入汇聚站点或者行业客户、企业园区的信息机房，位置相对偏远、分散，在门禁准入、物理设施安全等方面，条件可能不太完善。因此，需要防范对 MEC 站点机房的物理入侵破坏，增设监控摄像头、门禁密码锁等物理安全方面的防护措施。

此外，需要防范来自外部网络的入侵，以免对 MEC 站点内的设备、系统造成破坏，包括通过修改 MEC 内网络设备的配置造成网络中断，通过边缘计算 App 的软件漏洞或者 API 调用渠道入侵 MEC 内的网络和 IT 系统，植入木马窃取数据等。

对于重点行业客户，还需要对其实施独立的安全隔离措施，保护边缘节点上的敏感数据。

（3）网络层。

5G 基站侧面临的安全威胁主要有 3 类：空口的用户数据被窃听和篡改；来自 UE 的空口 DDoS 攻击；伪基站或者其他攻击源对空口的恶意干扰。

对 5G 核心网来说，重点需要关注自身网络和系统的安全，尤其是需要防范来自外部网络的入侵对 5GC 数据中心内的设备系统造成破坏，或者向设备网元植入木马窃取敏感的数据信息。

除防范来自网络外部的直接入侵以外，由于 5GC 数据中心包含多种功能网元，安全方面还需要防范数据中心内部的横向攻击渗透，避免一个网元被攻陷导致整个核心网都受到影响。

（4）行业平台层和技术中台层。

由于涉及大量数据的加工处理和存储，尤其要防范行业机密数据或者用户隐私数据的泄露和篡改；同时需要防范通过网络或者 API 调用等渠道入侵应用平台和技术中台系统。并且，由于行业平台层和技术中台层是面向整个智慧城市提供基础的服务能力，为了避免由于系统中断给智慧城市的业务带来重大影响，必须确保在系统出现故障或者瘫痪的情况下能够通过备份系统继续对外提供服务。

（5）应用层。

应用层的安全直接关系到智慧城市的各项业务能否正常开展，关系到智慧城市的社会面能否顺利运转。对各种业务应用来说，需要重点关注业务层面的安全，监测防范利用应用系统平台实施的诈骗、窃取、破坏等不法行为。

另外，智慧城市的应用系统直接面向广大行业用户与社会公众，软件的任何缺陷和漏洞都可能被利用，导致应用系统被入侵破坏或者被窃取数据。

8.1.4 发展方向

国际上，美国、欧盟、英国、新加坡等国家/地区都在推动与智慧城市部署建设相关的政策制度，在升级发展的同时强化安全。总体来看，多数国家由政府部门统筹智慧城市发展与安全，部分国家较为关注信息和数据安全，但普遍缺乏应对智慧城市网络安全威胁的专门政策。主要国家/地区的具体情况如下。

- ❑ 美国重点关注智慧城市带来的安全和隐私问题，2015 年发布《白宫智慧城市行动倡议》，指出在智慧城市建设过程中要充分利用联邦政府在网络安全等方面已经开展的工作，认为以往在网络安全方面的研究和投资已为智慧城市的建设奠定了坚实基础，纽约市政府公布了"智慧城市实施方案"，该方案重点统筹智慧城市的发展与安全两个方面。

- ❑ 欧盟提出"智慧城市与社区欧洲创新伙伴行动"，由牵头政府部门主导智慧城市的发展和安全，倡导在 ICT 技术支持下建设可持续、安全互通的综合交通和物流运输系统。

- ❑ 英国在智慧城市建设中重点关注信息安全，2013 年发布《智慧伦敦计划》，提出数据开放等七大发展方向。另外，伦敦政府联合其他机构建立安全机构，为公共机构、企业等应对智慧城市网络威胁提供建议和保护。

- ❑ 新加坡政府在智慧城市建设中强化重要数据的保护，提出了"智慧国家 2025"计划，由政府统筹构建"智慧国平台"，通过全国数据的连接、收集和理解，提供优质的公共服务。在这一过程中，新加坡政府重视重要数据的保护，对比较重要的传感器数据进行匿名化保护和管理，并只在一定程度上进行适当的分享。

2014 年 8 月 27 日，国家发展和改革委员会、工信部等八部委联合印发了《关于促进智慧城市健康发展的指导意见》（以下简称为《指导意见》），这是我国首部全面、系统地提升智慧城市安全的政策，确定了智慧城市建设"可管可控，确保安全"的基本原则，提出要落实国家信息安全等级保护制度，强化网络和信息安全管理，落实责任机制，健全网络和信息安全标准体系，加大依法管理网络和保护个人信息的力度，加强关键信息系统和信息基础设施的安全保障，确保安全可控。

《指导意见》将"网络安全长效化"作为主要目标之一；建立了城市网络安全保障体系和管理制度；明确了"城市人民政府"作为责任主体的网络安全责任制；严格全流程网络安全管理，在重要信息系统设计阶段、实施阶段、运行阶段均提出了相应的要求。

2015 年 8 月 26 日，《关于加强智慧城市网络安全管理工作的若干意见》出台，用于促进智慧城市建设安全、健康、有序发展。2018 年 1 月 7 日，中共中共办公厅、国务院办公厅印发了《关于推进城市安全发展的意见》，该意见积极推广先进安全技术、提高安全监测和防控能力。

上述一系列规范性文件实施后，我国逐步形成了各部门联合制定、实施智慧城市安全政策的联合监管机制。

与此同时，地方相关政策和安全环境逐步完善，各地先后出台智慧城市的相关意见，助力智慧城市安全建设。

例如，2018 年 7 月 18 日，深圳市政府印发了《深圳市新型智慧城市建设总体方案》，为保障网络空间安全运行和信息安全，提出了"机制保障安全"和"五位一体体系"。2020 年 2 月 10 日，上海市政府出台了《关于进一步加快智慧城市建设的若干意见》，提出要"切实保障网络空间安全"，率先推行首席网络安全官制度、提升信息安全事件响应速度、完善公共数据和个人信息保护、加大网络有害信息治理力度等举措。另外，银川市出台了智慧城市地方性法规，明确指出智慧城市大数据主管部门会同有关部门制定数据安全等级保护、风险测评、应急防范等安全制度，加强对大数据安全技术、设备和服务提供商的风险评估和安全管理，建立健全大数据安全保障和安全评估体系。天津市智慧城市建设"十三五"规划中提出，要着力推进信息安全设施升级，建立健全信息安全防护体系，强化网络空间内容监管力度。

目前，智慧城市安全领域相关的法律法规制度和政策等方面尚不健全，需要进一步明确和完善，推动智慧城市信息安全和网络安全建设，具体建议如下。

❑ 加强安全顶层设计和统筹协调。从国家和地方政府层面加强 5G 智慧城市应用和产业发展方面的安全顶层设计，坚持发展与安全并重、鼓励与规范并举的理念，建设 5G 智慧城市安全应用示范区和创新中心，通过典型试点示范形式，引领更多行业参与 5G 新型智慧城市建设，持续开展 5G 智慧城市安全能力建设。同时，推动跨部门、跨领域间的协作，打通行业壁垒、畅通合作渠道、形成支持合力，协作推动 5G 新型智慧城市的安全发展。

- 强化 5G 网络安全与智慧城市应用安全的技术融合和标准研制。社会各层面责任方需要改变传统移动通信网络和应用安全割裂的现状，将智慧城市应用安全保障措施与 5G 网络安全机制融合，提供端到端的智慧城市应用安全保障。例如采集设备的身份认证，可以通过 5G 统一的身份认证框架来完成，实现上层应用与网络接入的共同认证；对于智慧城市敏感程度不同的数据，可以通过 5G 网络差异化的安全配置能力，支持不同强度的机密性保护、完整性保护和认证鉴权功能；也可以通过 5G 网络的网络能力开放功能为智慧城市应用提供各类安全服务，内嵌提供各类基础安全功能。为此，应该综合国内外智慧城市发展及标准化现状，加大智慧城市安全运营、安全态势感知等关键技术攻关，加快 5G 业务应用领域的通用安全标准和重点垂直行业安全指南的研制。

- 引入区块链、人工智能技术，提升智慧城市的安全水平。由于 5G 网络的引入，智慧城市需要引入新理念和新范式以提升数字化基础设施的安全防护能力。例如区块链在透明度、安全性等方面具有天然优势，以数据存证不可篡改、数据流通全程可溯等特点赋能智慧城市数据治理，创建更大范围的协同互信，从而解决信息采集、处理、共享中权责管理和安全可控问题。人工智能技术可以转变现有被动式的防御模式，通过自学习机制，提前感知威胁、预判攻击，解决大流量下攻击行为难以发现的问题。

- 加大网络安全投入，完善智慧城市安全制度保障。加大智慧城市的大数据中心、城市大脑等核心节点的安全投入，配套制定智慧城市网络安全管理法律法规，尤其是要对数据资源的使用权责和限定范围进行明确规定，完善智慧城市的数据分级分类标准，为智慧城市的运行提供基本准则和法律依据。

- 加速安全生态共建和协同发展。通过建立 5G 新型智慧城市安全合作联盟，团结 5G 设备供应商、网络服务供应商、垂直行业用户、解决方案提供商等产业链各方，围绕 5G 新型智慧城市终端、边缘计算、网络、行业平台/技术中台、安全运营等方面，协同开展 5G 新型智慧城市跨行业安全应用创新，建立 5G 新型智慧城市应用的安全生态体系。

8.2 车联网安全

8.2.1 概述

车联网是指借助新一代信息和通信技术，实现车内、车与人、车与车、车与路、车与服务平台的全方位网络连接，提升汽车智能化水平和自动驾驶能力，构建汽车和交通服务新业态，从而提高交通效率，改善汽车驾乘感受，为用户提供智能、舒适、安全、节能、高效的综合服务。5G 车联网不仅需要实现车路协同，更要打造"人—车—路—网—云"高度协同，形成"自由的人、聪明的车、智慧的路、灵活的网、强大的云"。

5G 时代，车联网以 MaaS（出行即服务）为核心，为用户提供一站式出行服务。

汽车终端不仅是数据的发送方和接收方，还要承担计算节点及数据共享节点的功能。车辆通过车载信息娱乐系统（IVI）从云服务平台获取娱乐信息服务，包括三维导航、实时路况、IPTV、辅助驾驶、移动办公、无线通信、在线娱乐功能等。

道路将兼具多种通信方式（LTE、5G、LTE-V2X、5G NR-V2X 等），通过一体化路侧智能基础设施集成路侧交通信息的采集发布、本地边缘计算能力等。

5G 网络通过移动边缘计算和网络切片两大核心能力构建更加灵活的网络，包括 WiFi、蓝牙、移动网络以及车内总线网络等。车联网借助 5G 网络可实现车—车通信（V2V）、车—人通信（V2P）、车—路通信（V2I）、车—网/云通信（V2N）以及车内通信（IVN）。

车联网通过构建以车联网服务平台为主的一体化开放数据公共服务平台和云控平台，提供智能汽车管理和交通、车辆信息内容服务的云端平台，提供导航、娱乐、资讯、安防、车辆及道路基础设施设备信息汇聚、计算和监控管理，并提供智能化交通管控、车辆远程诊断、交通救援等车辆服务。

5G 时代，uRLLC 场景的构建将推动车联网向协同化、智能化的方向发展。未来智能汽车需要通过网络实时传输汽车导航信息、位置信息以及车辆传感器数据到云端或其他车辆终端，数据传输率高达 1GB/s/车。远程驾驶、自动驾驶应用要求端到端时延不超过 5ms，可靠性要求达到 99.999%，以便实时掌握车辆运行状态。

4G 网络普遍时延为 25ms～100ms，且无法提供稳定的网络连接，即使在 4G 网络下使用边缘计算也只能将时延降低至 10ms，无法满足车联网低时延、高容量要求。因此车联网 LTE-V2X 阶段将持续向 5G NR-V2X 阶段演进。

5G V2V 端到端时延能降低至 5ms，可靠性可超过 99.999%，支持的相对车速最高可达到 500km/h，最高带宽可达到 1Gbit/s，可见利用 5G 网络能满足车联网的需求。

5G 网络能有效缩短智能汽车反应时间。一般来说普通人踩刹车反应时间需要约 0.4s，智能汽车在 5G 场景下的反应时间有望大大缩短，能够很大程度上提升刹车等关键驾驶操作的反应速度。对智能汽车而言，假设汽车行驶速度为 60km/h，5ms 的时延制动距离也仅约为 8cm，有助于实现可协同的防碰撞系统和车辆编队等应用场景，也就是说 5G 时代将可能实现基于车联网控制的无人驾驶。

在通信距离方面，5G V2V 通信的最远传输距离可以达到 1km，相较于现有 IEEE 802.11p 车辆自组网中存在的传输中断问题，具有更好的连续性；在传输速率方面，5G 车联网 V2X 通信的最高传输速率能达到 1Gbit/s，能够提供车—车、车—移动终端间的较高数据速率；在移动性方面，与现有车联网相比，5G 车联网能更好地支持车辆快速移动过程中的通信。

车联网作为跨界新领域，产业链条横跨通信芯片、模组、车载设备、路侧设备、测试与验证、应用与平台和整车等，产业链中任何一个环节出现安全问题都将影响到整个车联网系统安全，并可能威胁人身安全。

5G 车联网在借助"人—车—路—网—云"的全方位连接和信息交互处理的同时，网络攻击面也将进一步扩大，车联网面临的网络安全风险将更加严峻。车联网中的用户信息都将连接在该网络上，随时随地被感知，很容易被篡改和窃取，将严重影响车联网体系的安全。

8.2.2 现状

目前，车联网网络侧安全事件频现，最常见的是利用系统漏洞或固件漏洞夺取车辆控制权。例如，2015 年，360 网络攻防实验室利用数字射频处理技术，伪造钥匙发出的原始射频信号控制发动机电子控制单元（ECU），从车载诊断系统 OBD 接口注入指令，成功入侵特斯拉并夺取车辆控制权，实现了不通过钥匙开启车辆。

同年，国外安全专家利用 Linux 系统漏洞入侵克莱斯勒 Jeep 车型的车载多媒体系统，攻击车辆控制器，并对其固件进行修改，获取远程向控制器域网（Controller Area Network，CAN）总线发送指令的权限，达到远程控制动力系统和刹车系统的目的，实现在用户不知情的情况下降低汽车的行驶速度、关闭汽车引擎、突然制动或者使制动系统失灵。

2016 年，挪威安全专家在入侵用户手机终端的情况下，获取特斯拉 App 账号的用户名和密码，通过登录特斯拉车联网服务平台对车辆进行定位、追踪、解锁以及启动，最终车辆被盗。

同年，由于当时的智能网络汽车 CAN 总线中没有加入加密认证等安全机制，从而导致攻击者能够通过修改 CAN 总线数据并伪造指令对车辆发起攻击。百度因此成功破解 T-Box，篡改协议传输数据，从而将伪造的用户命令发送到 CAN 总线控制器中，实现对车辆的本地控制和远程操作控制。

8.2.3　风险与挑战

由于传统的车辆基于封闭系统进行设计，缺少对网络安全防护的考虑，比如车内 CAN 总线通信协议缺乏加密保护和身份认证机制，导致原本封闭系统中的安全漏洞都暴露在互联网中，容易成为攻击目标。

随着自动驾驶、V2X 等信息化技术的引入，每项新技术都可能会成为一个新的攻击点。车辆智能化和信息化程度越高，意味着攻击者可以利用信息化中的漏洞获得更多的控制权限，导致更严重的安全问题，如可以利用车联网平台中的漏洞实现车辆的群体控制等。

智能汽车将持续面临敏感数据泄露和未经授权控制车辆的风险，一旦被不法分子攻击，将会威胁人身安全甚至公共安全。5G 车联网面临的主要网络安全风险包括互联网服务平台安全风险、5G V2X 安全风险、终端安全风险（智能汽车、路侧基础设施、移动智能终端）以及数据安全风险（重要数据和用户隐私信息），具体如图 8-3 所示。

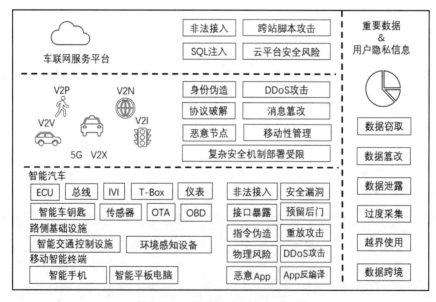

图 8-3　5G 车联网网络安全风险图示

1. 车联网服务平台安全风险

5G 网络车联网应用中，由垂直行业管理车联网平台的用户访问控制。如果垂直行业访问控制偏弱，则会面临攻击者伪造凭证非法接入车联网管理平台并发起网络攻击的风险。与此同时，由于车联网平台采用云化架构，也面临云平台基础设施的安全风险。

2. 5G V2X 安全风险

（1）协议破解安全风险。

车联网是 5G 网络的一项重要业务应用。5G 网络可满足不同应用的定制化需求，具有业务灵活性。但是，区别于传统的移动通信采用专用的协议，5G 网络采用灵活性更强的互联网协议，一定程度上降低了攻击者发动网络攻击的难度，增加了网络安全风险。比如，攻击者可能通过 DNS 劫持等手段劫持 T-Box 会话，监听通信数据，从而破解通信协议；攻击者还可能窃取汽车敏感数据，如汽车标识、用户账号信息等；此外，在破解协议的基础上，攻击者还可以借助中间人伪造协议实施对汽车动力系统的非法控制，带来会话劫持安全风险。

（2）移动性管理安全风险。

尽管 5G 网络考虑了车联网应用场景，但其主要针对公共通信设计，公共通信大多处于非快速移动的状态，而在 5G 车联网应用中，车辆作为网络节点动态组织网络拓扑，由于车辆快速移动，网络拓扑快速变化，汽车终端将会频繁到接入节点进行认证。这一方面导致汽车终端频繁发送认证向量到接入节点，给攻击者提供更多的截获合法入网请求和认证向量的机会，增加了伪造汽车终端发起网络攻击的安全风险。另一方面，汽车快速移动可能导致无法收到原接入节点发送的鉴权向量，导致车辆终端需要重新发起接入认证请求，接入认证事件将增加中间人攻击的安全风险。

（3）5G 车联网继承 5G 网络切片及边缘计算安全风险。

移动边缘计算（MEC）技术是实现 5G 网络低时延的关键技术之一。依托 MEC 技术能够把部分云计算能力下沉到网络边缘形成边缘云，经过筛选过滤掉一些数据后传送至中心云。中心云搜集多个边缘云的数据优化模型之后下发，兼顾了车联网应用对于计算能力与网络时延的需求。

与此同时，边缘计算还可以对车联网其他前瞻性应用场景（例如区域内高清地图实时加载、区域内自动驾驶车辆调度、交叉路口信号灯控制参数优化等）提供支持，因此为了满足车联网的需求，需要大量使用边缘计算技术，也就继承了边缘计算的安全风险。

车辆中的数据流量中包含驾驶员的个人信息以及车辆信息，车辆控制中心以及道路网络服务连接网络切片。如果网络切片遭到攻击，则会导致重要数据泄露、被篡改，严重情况下，攻击者还可能通过攻击网络切片夺取网络控制权，危害车辆行驶安全以及人身安全。

（4）复杂安全机制部署受限。

5G 车联网超低时延的实现需要对端到端传输的各个环节进行一系列的安全机制优化，由于业务接入认证、安全上下文切换、数据加解密等环节均带来时延，尤其是车内总线加密对时延影响较大，因此在 5G 车联网场景下不能采用过于复杂的安全机制。此外，由于车内存储、计算资源有限，高强度安全措施难以应用。以上因素导致车联网面临非授权访问、入侵攻击的安全风险。

（5）恶意节点安全风险。

5G 车联网应用场景中，直连模式的车—车通信将成为路况信息传递、路障报警的重要途径。由于车辆的移动性导致网络拓扑动态变化，车联网将面临车辆节点的频繁接入与退出。如果不能有效实施对车辆节点的安全接入控制，对不可信或失控节点实施隔离，一旦发生恶意节点入侵，则可能阻断、伪造、篡改车—车通信或者通过重放攻击影响车—车通信信息的真实性，影响路况信息的传递。

3. 终端安全风险

（1）智能汽车终端安全风险。

首先，汽车车内使用的智能网联系统沿袭了既有的计算和联网架构，所以也继承了这些系统天然的安全缺陷。其次，智能汽车具有大量传感器模块，并集成导航、车载娱乐、车辆控制、自动驾驶等重要功能，使智能汽车成为车联网系统关键环节。而且汽车本身结构复杂，涉及大量用户隐私信息，更容易成为黑客攻击的目标。当前的车内总线协议采用发送明文报文的方式，除简单的校验位之外，未提供任何加密或认证等安全机制，使得攻击者可通过控制连接到总线上的 ECU 节点读取和修改报文，并可以轻易伪造 CAN 总线报文，从而影响车辆状态，造成车主的经济损失甚至安全事故。最后，智能汽车的制造过程需要大量的第三方供应商参与，在其提供的软硬件中可能存在安全漏洞，攻击者可能会通过这些组件的系统漏洞发起攻击或在此类组件固件升级过程中植入恶意代码。

（2）路侧基础设施安全风险。

路侧基础设施作为智能汽车与云端通信的关键节点，部署在容易接触到的路边，面临非法接入、安全漏洞、接口暴露、重放攻击等网络安全风险以及物理安全风险，关乎到车辆、行人和道路交通的整体安全。

（3）智能移动终端安全风险。

在车联网中，用户通过手机、平板电脑等移动终端中安装的车联网 App 完成对车辆的控制，例如开启智能门锁、远程启动车辆等功能操作。由于 App 本身易于获取，容易成为攻击者对车联网发起网络攻击的入口，攻击者可以通过反编译 App 分析网络通信协议，利用远程控制系统进一步控制车辆。与此同时，攻击者还可通过向 App 植入恶意代码，借助智能移动终端和智能汽车通信的过程，将智能终端 App 当作跳板攻击汽车，窃取用户隐私信息，威胁智能网络汽车行驶安全。

4. 数据安全风险

（1）重要数据被窃取、篡改、泄露的风险。

车联网涉及大量重要数据（总计 6 大类），包括用户姓名、手机号码、驾驶证信息、证件号码、支付信息、家庭住址、指纹、面部等用户身份类信息；网络登录、浏览、搜索、交易等用户行为类信息；车牌号、车辆品牌、型号、车辆识别码、车辆颜色、车身外观等车辆基础属性数据；系统运行状态、工作参数、汽车坐标位置、行驶速度、油量、电量、温度、故障等车辆运行数据；道路基础相关设施、道路行人的具体位置、行驶和运动的方向、车外街景、交通标志、建筑外观等真实交通及地理信息；用户通信内容信息等。

车联网数据的全生命周期复杂，并且目前车联网企业缺乏对数据进行分类、分级、脱敏处理，仅实现了数据授权，部分实现了敏感数据加密传输，因此数据容易被攻击者非法采集、窃取、篡改以及泄露，从而导致用户的隐私泄露。

（2）数据被过度采集和越界使用的安全风险。

车联网提供信息服务的过程中会采集车主姓名、身份证、电话等用户身份信息；车牌号、车辆识别码等车辆静态信息；车辆位置、行驶轨迹等车辆动态信息；甚至是用户驾驶习惯等个人隐私信息。

如果整车厂商、车联网服务平台在采集用户信息时，未向用户明示采集的内容、采集的目的，并且没有要求用户进行明确授权，则可能过度采集和越界使用用户信息，侵犯用户隐私，增加用户个人信息泄露风险。

（3）数据跨境风险。

车联网数据由车联网服务平台汇总，涉及云平台数据跨境流动问题，主要体现在两个方面：一方面，我国部分汽车属于境外进口汽车，其网络服务及后台服务可能由境外通信企业和整车企业提供，通信数据及车联网数据传往境外，可能泄露用户个人信息；另一方面，我国整车厂商大多为合资企业，车联网服务以境内云平台为主，但其外资公司通常负责全球车联网运营，境内平台与境外平台可能存在互联及数据传输共享，需要符合国家监管要求。

8.2.4 发展方向

车联网应用正在快速发展过程中，相关计划是：2019 年进行 5G 新空口 Uu 技术试验，2020

年进行 5G 新空口 PC5 技术试验，2021 年进行预商用测试，2022 年正式迈入 5G NR-V2X 商用元年。5G 车联网安全性部署需要与技术发展同步，需要从短期、中长期来看车联网安全发展方向。

安全性设计方面，短期来看，5G 车联网需要更多地关注设计的安全性。由于车辆行业在以往的研发过程中更注重功能的开发，对于安全性并没有特别重视，相关经验不足，资金投入欠缺，导致第一代智能汽车在安全性方面存在缺陷。安全相关的编码安全与安全测试通常会留到产品开发周期的最后进行，导致对漏洞的检测并不充分。

车联网行业应逐步将更多的安全机制内嵌到开发阶段中，在功能构建的初期关注安全性设计，并在实际投入使用后持续进行安全性评估。中长期来看，可以依托可信计算体系构建车联网内生安全能力，基于密码学实现可信车联网硬件、可信车联网平台、可信车联网网络连接等，保障车联网网络的整体安全。

从安全防护对象来看，短期内 5G 车联网安全主要体现在操作系统不联网时的智能汽车安全，以车载娱乐系统安全为代表。中长期的车联网安全防护对象则会从汽车实体延伸到模块级别，尤其是联网模块的安全。面向 2030 年左右的车联网安全将更加关注网关安全。

从安全机制方面看，短期内需要构建并完善车联网安全认证体系与信任机制。目前车联网企业主要采取初始安全配置的方法预置密钥以及数字证书等敏感信息，一旦密钥丢失，则意味着用户需要将汽车返厂重置。同时随着车联网主体的增多，网络运营商需要维护大量密钥管理系统。因此，这种安全机制在加重生产企业负担的同时，处理更加多元的信任关系的效率并不高。

为了解决应用层的密钥共享、业务鉴权等一系列问题，3GPP 定义了一种通用自举架构（GBA），实现基于移动通信网络和用户卡的通用认证和会话密钥，为应用层业务提供完整的安全认证及应用层会话通道加密服务。

无须预先灌装密钥及配置数字证书作为信任基础，车联网终端可通过 USIM 卡中的根密钥及蜂窝网对外提供的 GBA 安全认证能力与不同的 CA 服务平台对接，在设备与平台之间建立安全通道。另外，无须依赖其他证书建立初始安全上下文，车联网终端可实现数字证书安全在线申请及下载，满足未来车联网可能存在的多 CA 管理应用的需要。

下一步，需要在车联网管理系统中引入 GBA 架构，并使 GBA 与现有车联网各项安全机制结合，使车联网能够通过 GBA 解除原本 CA 之间的授权关系、互信关系和依赖性，建立一套车联网的信任机制。

长期来看，未来车联网空口数据传输量将会随着车联网业务的不断拓展而加速上升。为了能降低网络时延，需要减少安全机制所带来的时间开销。因此，需要持续研究针对车联网的高效安全算法，例如隐式证书算法等提高空口计算能力，进而降低时延。

8.3 无人机安全

8.3.1 概述

在人工智能、物联网、边缘计算等新一代信息技术的变革驱动下，以无人机、无人汽车、无人船艇等为代表的自主无人系统在工业战略性新兴产业领域快速发展，相关市场不断扩张，并在军事、政府、商业以及消费级应用领域得到了广泛的应用，给生产生活带来了巨大的便利。

无人机行业高速发展的同时，也对无人机的通信链路提出了新的需求。无人机与蜂窝移动通信技术结合得更为紧密，逐渐向网联无人机的方向发展演进，也使得无人机成为了 5G 网络 eMBB 场景的典型应用之一。

在无人机高度智能化、网联化、自主化不断发展的过程中，无人机应用场景中无处不在的移动网络连接、更为频繁的数据交换、物理世界与网络世界的深度交互等特性日益凸显。这些独有特性决定了无人系统将面临来自移动网和固定网、空中和地面、物理世界和网络世界等高度融合的攻击面，安全威胁的作用范围从虚拟空间延伸到物理空间，而危害的对象从信息和基础设施上升为人类生命，从而对 5G 时代无人机应用这一高度智能化、复杂化、自主化的全新场景提出了更高的安全需求。

8.3.2 现状

国际民用航空组织（International Civil Aviation Organization，ICAO）将无人机定义为一种不载人的飞行器，由无人机、地面控制、通信系统等共同构成无人飞行系统。

根据 ICAO 的定义，典型的无人机场景往往由无人机终端、多个无人机终端编队形成的无人机集群、地面控制站或控制端、边缘计算与云服务器、卫星系统以及衔接所有组成部分的有线与无线通信基础设施组成。

通过构建这样的系统，无人机可在空域与地面配合，在林间、海上等人力所不能达的位置完成监测、勘探等作业任务。典型的 5G 无人机应用场景系统架构如图 8-4 所示。

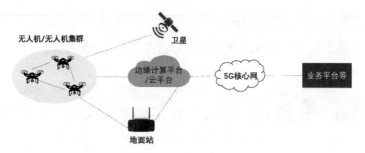

图 8-4　典型的 5G 无人机应用场景系统架构

如图 8-4 所示，在 5G 无人机应用场景中，通常以单台无人机或多台无人机的集群执行作业任务，使用全球定位系统（Global Positioning System，GPS）等卫星系统进行定位。通过边缘计算平台或云平台对无人机采集的数据、地面站反馈的无人机运行数据等进行数据分析，再经由 5G 核心网向业务平台、展示平台等传输所需数据。

目前，无人机的应用分为军用和民用两个领域。

在军用领域，军用无人机已经得到成功的应用，近年来许多军事打击行动中都能看到无人机的身影。

在民用领域，随着民用无人机的耐久性和使用成本等问题得以解决，无人机在民用市场的应用规模稳步提升，不断增长的需求正促使无人机成为航空航天工业领域最具有增长活力的市场之一。据 Drone Industry Insights 预测，2018～2024 年，无人机在全球市场的应用规模稳步提升，其中，亚洲地区将以 33.13% 的年复合增长率高居首位，如图 8-5 所示。

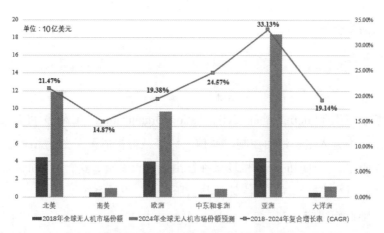

（数据来源：统计自 *Drone Industry Insights - Drone Market Size and Forecast* 2018～2024）

图 8-5　2018～2024 年全球无人机市场规模预测

民用无人机又可分为消费级与工业级两大类。

一方面，消费级无人机应用市场以多旋翼无人机为代表，目前已经进入快速成长期。随着新型材料的广泛应用与飞控核心系统的不断成熟，消费级无人机行业门槛逐渐降低，行业竞争也趋向于多样化和差异化。

另一方面，受制于滞空时间和载荷能力的不足，工业级无人机仍未获得大规模应用。但考虑到未来巨大的工业市场潜力，国内外各大无人机厂商已经相继进入这个领域，促使行业蓬勃发展。

无人机在全球的消费级应用市场和工业级应用市场的广泛应用涉及物流、测绘等各类应用场景，如表 8-1 所示。

表 8-1   5G 无人机典型应用场景

应用方向	应用场景	作用
工业级应用	物流	用于山区、拥堵地区等空路运输，小批量投递任务或极端地形条件的投递任务
	农业植保	喷洒农药种子、巡逻监视、病虫监察等
	基础设施巡检	对输电线路、输油管道、基站塔台、桥梁、风力发电机等基础设施的巡视监察或状态监测
	测绘	通过无人机抓取数据制作实时实景地图，实现在不同应用场景基于地图的数据挖掘
消费级应用	直播	通过无人机挂载音视频设备，辅助完成视频采集、视频流处理等，为用户提供 4K/8K 或 VR/AR 视频直播业务体验
公共安全领域	边防监控、消防监控、刑侦反恐、治安巡逻等	在突发事件中，代替警力及时赶往现场，利用可见光视频及热成像设备等，把实时情况回传给地面设备，为指挥人员决策提供依据

统计自《5G 无人机应用白皮书》

随着无人机在各行业领域的深入应用，其安全问题也受到了大众的广泛关注，尤其是与 5G 结合之后，无人机被赋予了更多的通信和智能属性，一旦被攻击、劫持或恶意利用，将给人身安全、公共安全甚至国家安全带来不容忽视的风险。

例如，2017 年 4 月至 5 月间，成都双流机场遭到数十次"黑飞"无人机干扰，仅在 4 月 21 日下午的 3 个小时内，就导致 58 个航班备降，4 架飞机返航，超 1 万名旅客滞留机场；2018 年 11 月，Check Point 公司的研究人员公开披露了市面上主流型号无人机应用程序中的高危漏洞。通过利用该漏洞，攻击者可访问用户账号并下载包括飞行日志、拍摄的照片和视频、实时视频摄像头视图、用户资料等在内的所有敏感数据；2019 年 7 月，法国南部地区音乐节发生无人机坠落事件，用于音乐节活动取景拍摄的无人机失控坠落，虽然只造成两人轻伤，但被法国民航安全调查与事故分析办公室定性为"严重事故"。

8.3.3　风险与挑战

5G 无人机应用场景具备无处不在的移动网络连接、高度频繁的数据交换、物理世界与网络世界的深度交互等新特性，决定了无人机将面临来自移动网和固定网、空中和地面、物理世界和网络世界等高度融合的攻击面的风险。

例如，以无人机系统为攻击目标的恶意代码攻击、拒绝服务攻击；攻陷无人机系统后，以其作为攻击渠道实施对特定对象的监听监控；以及以经济或政治利益为目的，有组织的网络攻击犯罪行为等。

相对于有人操作的智能系统而言，无人机面临的安全威胁具有其特殊性，主要表现在以下7 个方面。

- 系统终端部分脱离人的视距与物理控制范围。无人终端代替人类在多种环境下执行任务，脱离人的视距与物理控制范围，一旦被攻击成功并被劫持或错乱，难以直接进行纠正。
- 物理空间与信息空间高度融合，无人系统中每一个环节均为计算机信息系统与物理部件的紧密连结与协同。一方面体现了高度信息化与自动化，另一方面更容易因恶意信息入侵导致物理部件错误操作以及因物理环节产生错误的数据而影响系统决策。
- 拓扑动态变化、入口复杂多样、网络边界模糊。在网络拓扑复杂模糊的无人系统中，任一环节受到攻击，均有可能影响到整个系统的正常工作。
- 海量敏感、隐私数据存在被窃取的风险。无人系统通常承担着监控、巡视与运行数据采集等任务，采集到的海量敏感、隐私数据，包括高清航拍地图、用户行为习惯、行人面部识别等，存在着与无人终端一同被控制、影响的风险。
- 部分环节以旧设施支持新应用，安全匹配度不足。无人系统中的设施管理、卫星等，其系统以及通信模式在设计部署初期并未考虑到现今的应用环境以及对于安全的需求，缺乏信号加密等安防措施。
- 设备、器材、芯片、软件等生态产业链复杂度极高。高度复杂的产业链中，任意一个环节被植入后门或存在高危漏洞，就可能导致整个系统乃至所有相同的设施遭殃。
- 人工智能算法模型与训练集的可靠性与安全性无法确定。随着对无人系统业务需求种类的飞速增长，系统对于人工智能算法的依赖性也日益提高。而作为算法"黑箱"的人工智能无法提供其机理的解释性，则其结果的正确性与安全性也难以量化，同时，深度学习模型存在泄露的风险。

将这些无人机面临的特有安全威胁映射到 5G 无人机系统架构上，可以看到，5G 无人机系统主要面临来自无人机终端、无人机终端集群、边缘计算平台/云平台、地面控制站、卫星系统等方面的安全风险和挑战。具体表现在以下方面。

（1）无人机终端。

无人机终端是无人机系统中物理世界和网络世界的交互点，在应用场景中大多是代替人类执行各种任务，使用时通常脱离人的视距或物理控制范围，受到攻击后的纠错和恢复难度相对较高。

对单台无人机终端而言，通过空中接口传输数据时，攻击者能够通过非法手段截获上传或下载的数据内容，进而通过暴力破解获得隐私数据信息。WiFi、4G/5G 等多样化通信协议的存在也给攻击者提供了对无人机终端实施网络攻击的渠道，在通信过程中涉及大量的数据传输与变换，极易引发临时性的信号丢失，不仅影响数据传输的高效性和流畅性，也为攻击者的入侵创造了有利的机会。

无人机终端的陀螺仪、内部控制电路、元器件等核心组件也可能遭受来自电磁波、超声波、激光等物理攻击手段的攻击。无人机终端的自主决策算法可能在训练数据集、参数权重、算法逻辑上存在设计问题，导致算法、数据隐私、任务功能等多方面的伦理安全隐患。

此外，无人机终端自主决策系统漏洞一旦被利用，将引发安全影响的"涟漪效应"。在无人机终端应用于监控等需对目标对象进行精准识别的场景中，攻击者也可构造有针对性的对抗人工智能算法的样本，导致无人机终端的目标检测和识别算法失效，使得目标对象在无人机终端的智能监控中实现"隐身"。

（2）无人机终端集群。

在 5G 无人机的应用场景中，无人机终端有时会以集群的形式出现，例如无人机编队等。此时，除单体无人机终端面临的安全威胁外，其安全风险还需要从集群整体来考虑和分析。

对于多台无人机终端组成的无人机集群，由于集群内的无人机间需要互相通信协作，例如无人机集群飞行过程中的编队与避障任务的决策等，无人机之间的通信指令、飞行间隔距离等数据一旦被攻击者窃取或恶意篡改，将导致整个集群的飞行任务失败。

一方面，无人机终端集群行动的协作算法与数据交换存在着泄露或被篡改的安全风险。另一方面，无人机终端集群组网是一种典型的移动 Ad-Hoc 网络（一种多跳的、无中心的、自组织的无线网络），组网的路由协议、抗拒绝服务攻击能力等成为影响无人机终端集群组网安全的关键问题。

此外，无人机终端集群的合作交互过程也会引发新的伦理问题，需要避免攻击者通过劫持部分终端达到影响整个集群决策的效果，也要保证数据在无人机终端之间传输的敏感性和私密性得到安全保障。

目前，已经有针对无人机终端集群的反集群和集群对抗攻击出现，主要通过构造干扰性的无人终端群集，针对目标无人机终端群集进行拦截或协作式缠斗，以实施低成本、大覆盖、高效能的攻击手段。

（3）边缘计算平台/云平台。

在 5G 无人机系统中，海量数据的处理与分析依赖于远程云数据中心与本地边缘云服务器提供的云服务。云服务在大幅提高数据处理效率，并提供诸多增值业务的同时，也在无人机系统中引入了更多的安全问题。

边缘计算平台/云平台一般包括产品基础信息数据库、企业级产品管理服务平台、云服务平台、测控平台等，既是对无人机实行实时监测和控制的中心，也是存储和处理设备回传信息的核心。边缘计算平台/云平台常基于 Android、iOS 和 Linux 等操作系统，依托专门开发的软件对无人机实行监测控制和信息处理。

系统和软件中存在的安全漏洞、安全机制缺陷或恶意程序一旦被利用，不仅可导致攻击者直接获得无人机的控制权，引发链路丢失、定位失效等故障，也可能导致地图数据、无人机信息、用户数据等相关信息被窃取。

5G 无人机系统中，云端用户的增加使得不同组织机构的系统间联系更为紧密。云服务供应商通过共享基础架构、平台或应用程序来提供可扩展的服务，在不对现有的硬件和软件进行实质性改动的前提下，带来了"即服务"概念，但这种服务模式也在一定程度上牺牲了安全性。云服务中的不同组件、用户、系统间被赋予了访问共享内存和资源的权限，从而产生了一些新的攻击角度。

此外，支持云服务部署的基础组件，其初始设计可能并未为多用户架构或多用户应用程序提供强大的隔离功能，这可能导致共享技术漏洞，这些漏洞可能会在交付模型中被利用。攻击者可以利用这些漏洞潜入系统窃取数据、控制系统或中断服务操作。

（4）地面控制站。

地面控制站是整个无人机系统架构中的"轴承"部位，上端可连接至核心或边缘云数据中心，下端连接无人机终端或集群。在衔接两端通信传输的同时，地面控制站接收并汇聚无人机终端回传的海量数据。因此，地面控制站一旦出现安全问题，其影响也将向其互联的两端进行双向渗透。例如，针对地面控制站的拒绝服务攻击、恶意软件植入、数据窃取攻击、社会工程学攻击等。

2011 年，曾发生过无人机地面控制站被攻击事件。攻击者通过工作人员使用的可移动设备将键盘木马病毒植入美国内华达州克里奇空军基地的控制站,秘密记录和窃取在中东地区执行任务的无人机与该地面站的交互数据和工作人员操作日志,进而从这些获取的数据中分析出系统控制命令与敏感数据。

此外,地面控制站更容易受到社会工程学的攻击,攻击者可通过交谈、欺骗等方式,从控制站工作人员或控制端用户中窃取用户名单、密码及网络结构等重要机密,进而从社会工程学延伸出钓鱼攻击、密码心理学等攻击手法,从而渗入目标内部获取所需要的机密信息。

尽管无人机系统以及软件程序的安全可以通过信息安全技术进行保障,但利用贪婪等人性弱点进行的攻击往往防不胜防。

(5)卫星系统。

除为无人机终端提供全球导航定位信号外,卫星系统在部分应用场景如远洋无人机系统中,也可作为主要的通信手段。

通常情况下,若离开了卫星系统的协助,无人机将难以精准地判断自身的位置、高度以及移动速度,易偏离预设行进路线,最终导致任务无法正常执行、终端无法回收甚至导致人员受伤、社会财产损毁等严重后果。

例如,攻击者可通过禁用或改变卫星系统以向无人机发送虚假导航定位信号,从而实施数据攻击。2018年6月20日,美国网络安全公司赛门铁克(Symantec)通过其基于人工智能的网络安全监控工具发现,有黑客组织针对美国和东南亚国家的卫星通信、电信、遥感成像服务和军事系统进行网络攻击,拦截甚至篡改网络运营商传输给用户的通信内容信息。俄罗斯一个名为Turla的组织也曾利用未加密的卫星链接为他们的行动提供指挥和控制以及渗透通道,经常性地中断全球导航卫星系统来防止无人机袭击。

目前,卫星的系统安全尚未引起足够的重视,部分老旧的卫星系统仍在运行早已过时的Windows 95系统。例如,国家海洋和大气管理局的联合极地卫星系统(JPSS)曾发现重大安全漏洞,并受到了黑客的攻击。JPSS负责将从气象卫星收集的数据发送到地面上并转发给全球用户,一旦被黑客劫持,全球用户的气象数据接收应用均有可能受到恶意信息的入侵,所幸黑客并非恶意攻击者,而是将卫星系统的漏洞指出,提醒尽快修复。

8.3.4　发展方向

5G等新一代信息通信技术的发展日趋成熟,为无人机应用场景的丰富和行业生态的完善奠定了愈发坚实的技术基础。作为具备高度复杂的网络物理系统特性的典型应用,无人机在高自主性、高智能化方向上不断演进，在加速释放应用潜能的同时，也将面临来自网络空间和物理空间等多重安全威胁。

未来，无人机安全也将从安全架构和客观发展安全方面双管齐下，以完备的安全框架作基底、以可控的安全生态作屏障、以规范的安全标准作指导，合力构建无人机安全保障体系。

1. 构建"外在防护+原生安全"相互作用、互为补充的一体化安全架构

一方面，依托既有的外在安全防护技术，对 5G 无人机终端、边缘计算平台、地面控制站、卫星系统等系统架构中可能存在的风险点，有针对性地实施隔离、过滤、检测等防御手段，抵御潜在的网络攻击安全威胁。另一方面，加强网络和系统本身内在的安全性，如在通信协议设计中考虑完善安全机制、内嵌基于行为判定的访问控制、以虚拟异构的方式实现系统和网络状态可变、构建安全执行环境等。

例如，在 5G 无人机终端安全方面，采用漏洞防护、安全启动、操作系统安全防护、加密认证等技术，强化无人机等各类终端自身安全能力，实现 4G、5G、WiFi 等无线接入点的全面防护，建立无人机集群的实体身份认证、数据源认证、问题实体发现、集群内部入侵检测等安全机制。

同时，还可采用拟态防御等内生安全创新技术，在"软硬构件供应链不可控、不可信"的情况下，构建安全可信的无人机系统平台。

在边缘计算平台/云平台方面，充分考虑网络入口众多、组网结构复杂、网络拓扑经常动态变化的新特性，强化各类网络安全手段之间的互通和联动，进行持续的网络安全监测、汇总、处理和分析，并强化部署统一威胁管理、应用内容审查、应用安全检测等应用安全防护手段，确保开放状态下边缘计算平台/云平台的网络安全。

在地面控制站安全方面，重点保障地面控制站与无人机之间的通信链路安全以及控制站自身的安全，在受限的能源和计算资源等的基础上，引入可信认证等技术，部署高效、安全的通信协议。

在卫星系统安全方面，可从认证机制、加密、抗干扰等方面，在卫星系统和无人机之间建立完整性认证、新鲜性认证和身份认证等机制，以强化卫星系统的可用性、数据机密性、数据完整性、身份认证性、不可抵赖性和访问可控性等安全特性。

2. 形成创新、协同的 5G 无人机安全应用生态

在顶层统筹方面采取以下措施。

❑　从国家层面强化 5G 无人机发展战略规划和宏观布局。加快制定发布无人机行业发展

规划、安全规划等顶层设计文件,明确发展目标、重点发展任务和安全保障需求,规划产业布局和发展步骤;建立完善的覆盖政产学研用的无人机系统发展协调机制,推动形成以应用带动产业、以产业支撑应用的良性发展格局;出台面向无人机行业发展的金融、税收、政府采购等一系列扶持政策,为战略性新兴产业发展创建更加宽松、良性的市场环境。

❑ 打造无人机产业集群发展模式。加快培育发展无人机自主品牌和龙头企业,充分发挥创新引领和示范引导作用,推进特色鲜明、优势突出的无人机产业集群发展;重视整机企业、关键零部件、云服务平台等产业链配套环节的协同发展,打造具有国际竞争力的无人机全产业链;创新产学研合作模式,通过共建联合实验室、创新中心等方式,大力推进研究机构、高校等与无人机相关企业的合作深化。

❑ 加快建设具有我国自主知识产权的无人机相关软硬件产业链。将研发、制造、使用国家自主安全的元器件、设备和操作系统等作为工作重点,在无人机领域逐渐摆脱对于国外技术的依赖,尤其针对例如无人机终端主控系统等无人机系统关键部分,有效落实新型主动防御手段,最终实现核心技术的自主安全。

❑ 重点推进无人机核心技术攻坚突破。强化网络物理空间交互、多源定位、智能避障、内生安全等无人机系统关键核心技术专项研究和布局;重视无人机相关基础人才、科研环境的培养和优化,集中优势力量;推动重大科研成果、战略性技术产品和示范工程项目转化,做好科研和产业衔接。

在生态协同方面采取以下措施。

❑ 构建完善无人机安全协同机制。建立涵盖安全监管部门、无人机研发企业、专业研究机构、安全企业等各方的协同工作机制,强化落实各方主体安全责任;建立覆盖无人机产业链的安全合作交流机制,协同推进无人机安全技术创新、安全产业同步发展和威胁应对能力的提升。

❑ 建立多方参与的无人机安全威胁信息共享机制。依托网络安全威胁信息共享平台等技术手段,强化恶意网络资源、安全漏洞、安全事件等无人机网络安全威胁信息的共享,加强对威胁信息的统一汇集、存储和分析,确保及时发现和防护无人机相关的新型攻击。

❑ 促进无人机安全防御联动共治。加强多平台协作的攻击感知、基于云的协同响应等安全防御技术手段共建,通过综合安全态势、协调安全防御手段,实现无人机安全事件的有效应对和处置,实现单点识别、全局联动防御的安全威胁共治。

在安全规范方面采取以下措施。

❑ 落实无人机安全设计基本安全框架。在设计和建设之初，加强无人机附加式安全、内生安全机制和安全体系架构设计，包括无人机终端安全机制、云服务安全架构、无线链路安全通信机制等；定义覆盖无人机开发、测试、生产、运输、运行等生命周期全过程的安全控制点，以便最大程度地减少威胁面。

❑ 推动出台分类型、分级别的无人机安全防护标准。针对无人机、无人汽车、无人船艇等不同类型的无人机安全威胁和安全需求特性，研究制定无人机安全防护系列标准，指导相关主体落实无人机安全边界防护、入侵检测、安全监测、身份认证、审计及威胁溯源等安全防护技术手段，规范相关管理制度和防窃密、防篡改和数据备份等安全防护措施。

❑ 强化无人机应用场景的安全最佳实践指导。结合无人机在智慧城市、智能交通等方面的典型应用场景，研究制定与应用场景深度融合的无人机最佳实践，指导构建和部署无人机安全解决方案，形成无人机安全应用示范，改善无人机安全的自发式无序发展状态。

在安全检测方面采取以下措施。

❑ 探索确保无人机安全底线正确执行的措施。开展自主无人机安全底线的调查评估，研究安全底线的设置与实现方法，增强执行的可操作性，明确监管责任、细化监管措施，落实部署安全底线保障的系统性措施，确保自主无人机在底线安全之上能够始终"受控于人"。

❑ 扎实推进常态化的无人机安全检测和风险评估工作。加强无人终端、地面控制站、云服务平台等安全检测和隐患排查，督促落实安全防护措施；定期开展无人机网络安全风险评估工作，并适时发布风险评级、安全态势等相关报告，强化无人机安全工作指导。

❑ 强化无人机供应链安全检测。建立覆盖无人机安全供应链的供应商可信度追踪与评估机制，开展供应商网络安全能力审查认证，促进供应链各环节强化安全开发；实施供应链关键环节安全检测，有效防范无人终端、核心软件组件等关键产品和服务在研发、生产、交付、运营等各个阶段的安全风险。

❑ 推动开展无人机安全攻防测试验证。开发无人机安全攻防测试验证平台，联合相关研究机构、企业等部署无人机安全测试验证环境，通过开展无人机网络安全攻防模拟、网络安全事件应急演练等方式，检测既有安全机制、安全防护手段的有效性。

在安全创新方面采取以下措施。

- ❑ 探索行之有效的无人机安全追踪、反馈与改进机制。以无人机执行任务过程中的重要场景信息与运行状态为依据，快速、准确地评估无人机安全性能，通过简化、记录、交互与分析结构标准化的场景与运行数据，实时捕捉可能发生的事故或异常，并查找原因，有针对性地制定相应的改进措施，促进无人机技术的发展与完善。

- ❑ 加强攻坚无人机核心安全技术突破。探索无人终端内生安全构造技术、附加式安全和内生安全融合技术、集群安全组网、无人终端安全威胁感知、无人机安全协同架构等内嵌安全机制和技术创新，以内嵌的安全架构保障无人机在不安全环境下的运行安全。

- ❑ 探索无人机安全防护手段创新。在附加式安全和内生安全融合技术框架下，研究和探索利用云计算、大数据、人工智能等技术，提升无人机安全威胁检测、安全联动防御、安全策略智能调优、安全威胁自动化响应等防御效果，构建主动防御体系。

- ❑ 强化无人机网络安全创新实践推广。引导企业加强无人机安全技术手段的创新探索，推广创新无人机安全最佳实践，切实增强无人机防范和应对网络安全威胁的能力，拉动无人机安全相关产业的发展，提升无人机网络的安全防护水平。

8.4 智能制造安全

8.4.1 概述

智能制造是基于新一代信息通信技术与先进制造技术的深度融合，贯穿于设计、生产、管理、服务等制造活动的各个环节，具有自感知、自学习、自决策、自执行、自适应等功能的新型生产方式。

加快发展智能制造是培育经济增长新动能的必由之路，也是抢占未来经济和科技发展制高点的战略选择，对实现制造强国具有重要的战略意义。

工业互联网是智能制造的重要技术基础，被认为是第四次工业革命的关键支撑，也是 5G 新一代信息通信技术演进升级的重要方向，以及实现经济社会数字化转型的重要驱动力量。

工业互联网是通过相关的工业信息标准和互联网，把分布在各地的多层次制造资源和创新资源相互连接起来，再利用数据感知、数据分析和智能计算实现物理系统与虚拟系统的融合，形成机机互联、人机互联，且无缝对接的制造产业体系，整体视图如图 8-6 所示。

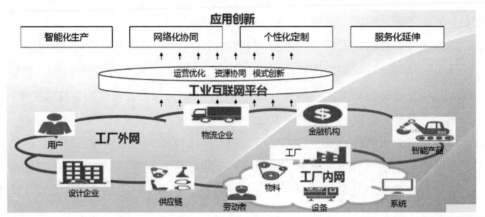

图 8-6　工业互联网整体视图

工业互联网将拓展智能制造的深度和广度，为在智能制造环境中提升生产经营管理效率、提升产品质量和价值、促进商业模式创新、降低信息化应用门槛提供了坚实的技术基础。

5G 网络作为新一代移动通信系统，以高带宽、低时延、高可靠及边缘计算的特性，将来可能替代当前工业中广泛使用的有线和 WiFi 网络，逐步成为支撑工业互联网的重要网络基础设施。5G 与工业互联网的融合创新发展，将推动制造业从单点、局部的信息技术应用向数字化、网络化和智能化转变，也为 5G 开辟更为广阔的市场空间，从而有力地支撑制造强国、网络强国建设。

我国高度重视 5G 与工业互联网的融合发展。2019 年 11 月，工信部办公厅印发《"5G+工业互联网" 512 工程推进方案》（以下简称 "方案"），将推动实施 "5G+工业互联网" 512 工程。"方案" 中明确提出，到 2022 年，将突破一批面向工业互联网特定需求的 5G 关键技术，"5G+工业互联网" 的产业支撑能力显著提升；打造 5 个产业公共服务平台，构建创新载体和公共服务能力；加快垂直领域 "5G+工业互联网" 的先导应用，内网建设改造覆盖 10 个重点行业；打造一批 "5G+工业互联网" 内网建设改造标杆、样板工程，形成至少 20 个大典型工业应用场景；培育形成 5G 与工业互联网融合叠加、互促共进、倍增发展的创新态势，促进制造业数字化、网络化、智能化升级，推动经济高质量发展。

5G 从传统个人消费领域转入工业领域，在助力制造业转型升级的同时，也必须依据工业领域防护特点构建安全保障体系。2019 年 7 月 26 日，工信部等十部门联合印发了《加强工业互联网安全工作的指导意见》。该指导意见体现出我国工业互联网安全体系建设的一个重要进步，意味着我国工业互联网安全建设进入法治化、制度化、专业化的新阶段，标志着中国工业互联网安全体系基本形成。指导意见从企业主体责任、政府监管责任出发，围绕设备、控制、网络、平台、数据安全等方面，以健全制度机制、建设技术手段、促进产业发展、强化人才培育为基本内容，实现工业互联网安全的全面管理，对加快构建工业互联网安全保障体系，提升工业互联网安全保障能力，促进工业互联网高质量发展，推动现代化经济体系建设，护航制造强国和网络强国战略实施，均有着极其重要的意义。

8.4.2 现状

5G 网络在工业互联网中的应用主要包括企业内网和企业外网两类，如图 8-7 所示。企业内网用于连接人员（生产人员、设计人员等），机器（生产设备、办公设备等）、材料（原料、在制品、成品等）、环境等要求。企业外网用于连接智能工厂、上下游企业、工业互联网平台、智能产品与用户等主体。

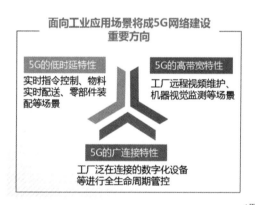

（图片来源：中国信息通信研究院）

图 8-7　5G 在工业互联网中的应用

在企业内网中，5G 网络将成为工业有线网络有力的补充或替代，不同特性可以用于不同场景。

- ❑ 广连接特性将成为工业信息采集控制场景中较好的技术选择，自动化工业制造生产线安装有数以千计的小型传感器数据，包括探测温度、压力、热能、振动和噪声等，实现设备诊断、用电量分析、能耗分析、质量事故分析（包括违反生产规定、零部件故障）等多种形式的分析。

- ❑ 低时延、高可靠特性可被设计用于工业控制、工厂自动化、智能电网等应用，连接车间设备，如机床、机器人、AGV（自动导引车）等，解决传统有线网络灵活性较差、覆盖面较小等问题。

- ❑ 高带宽特性可用于工程远程视频维护和监测，例如通过高清视频监控，将 8K 超高清的影像同步传输到生产调度中心或监控室，技术专家或督导员无须到现场即可进行无死角的技术指导或安全监督。

- ❑ 5G 网络中的 SDN 技术也可支撑企业生产内部网络资源的灵活组网和柔性生产。SDN 技术能够支持制造企业根据不同的业务场景灵活编排网络架构，按需打造专属的传输网络，还可以根据不同的传输需求对网络资源进行调配，通过带宽限制和优先级配置等方式，为不同的生产环节提供适合的网络控制功能和性能保障。在这样的架构下，柔性生产线的工序可以根据原料、订单的变化而改变，设备之间的联网和通信关系也会随之发生相应的改变。

在企业外网中，SDN、NFV、边缘计算等 5G 新型网络技术可以有力地支撑工业互联网中的个性化定制、远程监控、远程运维、智能产品服务等新模式、新业态的发展。

例如在广阔室外运行的一些作业车辆、飞行器等，由于工况危险、作业范围偏僻等原因，有一定的遥控需求，也初步实现了一些遥控功能。这些遥控需求的实现，如果基于近距离通信方式，则场景受限；如果使用广域无线网络，则数据传输能力有限。在广阔场景下，如大型矿山，只能使用广域 5G 网络，来实现远程控制或监测。

在智能产品服务方面，5G 将打通整个产业链的前后端，将整个供应链扁平化，从而实现产品的大规模定制，建立整个生态链的协同体系。

5G 网络切片技术也将支持多业务场景、多服务质量、多用户的隔离和保护，通过网络资源灵活分配，按需组网，基于 5G 网络虚拟出多个具有不同特点且互相隔离的逻辑子网，满足不同业务差异化服务的需求。5G 后续增强版本还将提供高频通信、卫星接入、高精度定位以及对时间敏感网络的支持，有针对性地提升对于工业精准控制和场景广域覆盖的能力。

由于工业互联网的应用领域跨行业难度大，基础设施数字化水平不高，因此 5G 网络在工业互联网方面的应用还处于非常初期的阶段。第一批应用主要集中在 5G 和超高清视频在远程运行监测的融合应用，包括 5G+AR、5G+VR 以及 5G+机器视觉等。5G+辅助协同设计目前已有初步探索，而 5G+远程控制由于涉及工业核心控制环节，有待进一步测试验证。5G 网络在工业互联网的典型应用场景如下。

1. 工厂内外的远程运行监测

充分利用 5G 网络高速率的特性，实现智慧园区安防、人员管理等。远程运行监测可将采集的监测视频/图像实时回传，实现视频、图片、语音、数据的双向实时传输，同时结合 5G MEC 统一监控平台，实现人员违规、厂区环境风险监控的实时分析和告警，大大提高作业安全规范性。

充分利用 5G 广连接特性，在设备上加装多个 5G 传输模块，对设备的运行情况进行监测，并对临近阈值的部件发出预警信息，告知相关人员进行保养维护，以降低企业成本。同时，当设备出现故障时，可借助 AR 技术，远程直观查看设备当前的情况及故障点，从而转变原有的设备运维方式，降低企业成本、提升效率、保障质量。

2. 产品辅助设计和协同设计

使用 AR 技术，可以将产品设计从平面搬到立体空间。配合 AR 眼镜，通过 5G 网络传送的影像，设计师在设计阶段可通过 AR 技术将设计师的创意快速、逼真地融合于现实场景中，同时对于同一产品的多个零部件设计，不同企业设计不同的部件，也可通过 AR 技术在设计阶段进行零件的相互匹配，对最终产品有直观和切身的感受，优化和完善设计方案，降低企业生产成本。

3. 生产过程的远程控制

远程控制一直是工业生产中保障人员安全、提升生产效能、实现多生产单元协助的必要手段。由于远程控制会直接关系到生产环节的产品质量和生产效率，目前工业上大多数远程控制还是基于有线网络。虽然有线网络稳定，但也限制了生产的灵活性，同时也在一定程度上限制了生产过程的控制范围。利用 5G 网络支撑远程控制的特点，将能大大提高生产灵活性和生产效率。

实现远程控制不仅需要高清晰度的视频提供视觉支持，还需要实时、稳定的网络保障操控的灵敏度和可靠性。5G 网络可以利用边缘计算、网络切片等技术大幅降低时延，同时可以在未来支持时间敏感网络，进一步为工业应用提供确定化的业务保障能力，包括时延、时延抖动和丢包率等关键指标。

我国工业互联网的安全体系正处于逐步建立阶段。首先，从整体看，我国基础设施和高端制造企业中存在大量的国外工业设备，这些核心元器件和设备的内部机理和通信协议往往不被我们掌握，同时自身存在设计漏洞和被植入后门的问题，造成重要工业资产和装备制造信息可能被国外非法收集。其次，我国的工业技术、安全技术和产品研发能力亟待提高，安全人才缺口很大，多学科交叉为工业互联网安全人才的培养增加了难度。最后，工业互联网涉及不同行业的重要程度和安全需求不同，军工高端制造和能源电力（发电与电网）等行业涉及国家安全，也是其他工业互联网行业的基础和支撑。

目前，工业互联网产业联盟在充分借鉴传统网络安全框架和国外相关工业互联网安全框架的基础上，提出了从防护对象、防护措施及防护管理 3 个视角的工业互联网安全框架。从防护对象视角，主要包括设备安全、控制系统安全、应用程序安全、网络安全、数据安全；从防护措施视角，包括威胁防护、监测感知和处置恢复；从防护管理视角，包括安全目标、风险评估和安全策略。

由于工业互联网连接设备众多，设备防护能力不足，数据价值高，因此，安全事件呈现出攻击专业化、行为国家化、涉及关联严重等特点，具体体现在以下方面。

- ❑ 工业终端成为安全最薄弱的环节。工业终端保有量大，但安全防护相对不足，继 2017 年出现勒索病毒、挖矿木马后，2018 年继续发酵，工业主机终端成为工业网络安全的脆弱环节。

- ❑ 工业控制系统安全形势依然严峻。2018 年暴露出多起工业控制系统存在重大漏洞，影响多类生产系统。

- ❑ 工业互联网平台尚未形成安全体系。平台安全尚没有形成体系化的安全防护机制，一方面平台自身的安全性不足，另一方面平台 PaaS（平台即服务）层也缺乏健全的安全 API 供 SaaS（软件即服务）层调用。

- ❑ 工业 App 缺乏安全机制。目前工业 App 形态各异、种类繁多，缺乏安全机制和标准安全 API。

8.4.3　风险与挑战

5G 网络应用到工业互联网领域，主要面临的安全挑战包括以下两个方面。

1. 5G 网络自身的安全脆弱点可能引入新的安全风险

当前工业互联网的无线通信方式主要采用短距无线、WiFi 专用无线网络和传统 2G/3G/4G 无线网络。这些网络技术设备连接数量有限，覆盖范围受限，带宽不足，因此工厂联网仍主要采用有线专网方式。

5G 网络的引入将有效弥补现有无线通信方式的不足，为工业互联网提供覆盖范围更广、连接能力更强的网络连接。由于 5G 网络自身引入了多项新的关键技术，包括网络功能虚拟化、边缘计算、网络切片和网络能力开放，提供了云化网络基础设施，能够实现按需调用、功能重构和智能部署。

这些新技术自身可能存在一些安全脆弱点，例如虚拟化的管理控制功能高度集中，开源第三方软件可能包含安全漏洞；网络切片的安全隔离机制若不恰当，会影响多个切片安全；边缘节点遭受物理攻击的可能性增加；网络能力开放引入的开放接口使网络从封闭转向开放。这些安全的脆弱点可能会对安全性要求极高的工业生产系统带来挑战，成为攻击者新的攻击目标。

2. 5G 网络需要提供工业级的服务能力要求，能力的不确定性容易引发工业生产事件

从性能指标看，5G 网络能够满足毫秒级的时延要求，但 5G 在工业互联网机械设备控制应用中，需要在快速响应、确定时间周期内提供稳定可靠、端到端、确定化的服务能力。一旦由于网络攻击引发服务能力出现偏差，将从网络安全风险直接映射为物理和功能安全问题，引发工业生产安全风险。

（1）5G 网络使得工业互联网数据保护难度进一步增大。

5G 网络的引入，使得工业数据由少量、单一、单向转变为大量、多维、双向数据交互，具体表现为工业互联网数据体量大、种类多、结构复杂，并在网络层和应用层之间、在工厂内外双向流动共享，导致重要工业数据和用户数据保护难度增大。

（2）5G 网络将对工业互联网生产设备的安全防护提出更高要求。

传统生产设备以机械装备为主，重点关注物理和功能安全，5G 网络将使得生产装备和产品暴露在网络攻击之下，木马病毒在设备间的传播扩散速度将呈现指数级增长，安全漏洞也容易被黑客利用，大规模部署的工业产品的修复、维护难度也较大。

8.4.4 发展方向

1. 推进 5G 网络面向工业互联网场景的安全能力

5G 网络提供了一套统一、灵活、可伸缩的安全架构，能够满足不同应用的不同安全级别需求。工业互联网的安全服务需求既有通用化的网络安全、信息安全需求，也有个性化的控制系统、现场设备、服务确定性等安全需求。因此，在提升 5G 网络自身关键技术安全保护能力的基础上，还要面向工业互联网应用提前设计 5G 网络对应的网络切片、边缘节点、核心控制设备的安全保障机制，例如数据加密、身份验证、访问控制、完整性验证等，提供基础性、端到端的安全服务支撑能力。

2. 将 5G 网络安全纳入工业互联网安全监测体系中

工业互联网的安全风险来自不同层面，包括设备层、网络层和应用层，这些安全风险持续动态变化，需要跨行业、跨领域的协作。

2019 年，国家工业互联网安全态势感知与风险预警平台正式发布。该平台采用"国家—省—企业"三级架构，依托强大的主被动分析能力，能及时发现相关平台、设备、系统存在的安全隐患，以及网络攻击、主机受控等安全事件，动态感知百余家工业互联网平台、800 万个联网设备和系统的安全状态，提供安全动态追踪和趋势预测。平台将 5G 安全纳入工业互联网监测体系当中，开展协同监测和联动处置，将更加有利于形成一体化工业互联网的网络安全防御体系。

因此，随着工业互联网的不断发展，在国家相关部门的协调与引导下，工业互联网生态企业应协调配合，建立健全运转灵活、反应灵敏的信息共享与联动处置机制，打造多方联动的防御体系，进一步提升工业互联网企业安全风险发现与安全事件应急处置水平。

3. 将 5G 网络与时间敏感网络融合

时间敏感网络（TSN）具备一整套时间同步、流量控制、路径控制、管理机制等不同层面的机制来保证数据在网络中传输的确定性时延。5G 与 TSN 结合将能够满足确定性时延的安全要求，为构建未来灵活、高效、柔性、可靠及安全的工业互联网提供保障。

目前，高通公司研究组提出了面向工业互联网，利用 5G 实现 TSN 交换机功能的思想和原型系统，实现与有线 TSN 的互联互通；英特尔公司研究组阐述了将 TSN 技术能力应用至无线网络面临的技术挑战，以及如何扩展现有无线网络包括 WiFi 与 5G 的高可靠性与低时延能力的相关技术，并讨论了无线 TSN 与有线 TSN 融合面临的挑战。

4. 充分利用 5G 边缘技术提供本地化的数据服务，保障数据安全

从业务安全角度看，通过 5G 边缘计算技术，将核心网用户面下沉到企业园区，实现企业业务数据不出工厂，可为工业互联网应用提供更高的安全保障。

5. 发展 5G 网络自主可控的工业互联网安全产品和服务体系

随着 5G 网络的深度融合，由于网络安全形势严峻，各种病毒的变体传播速度极快，新式

攻击层出不穷，单纯工业安全硬件、软件防护无法满足需求，需要进一步丰富 5G 工业安全硬件和软件产品、工业安全服务等种类。工业安全咨询和安全服务外包等将逐渐增多，催生更加繁荣的安全服务市场。

8.5　5G 安全防御智能化

8.5.1　概述

5G 网络作为构建万物互联的泛在连接社会、培育经济发展新动能、拓展民生福祉新内涵的代表性新型基础设施，能够加速推动传统行业数字化转型。

一方面，随着网络 IT 化、云化和功能软件化进程的全面推进，能源、电力、制造业等传统行业的 IT 系统建设逐渐覆盖全连接场景，呈现高度网络化、数字化、智能化的显著特征，垂直行业应用也从隔离孤立走向深度网联。例如，能源行业可结合 5G 行业专网+MEC 平台部署的形式，既在生产制造、物流仓储等环节为现场设备提供可靠的网络连接，提升生产集约化程度和柔性生产流程的灵活性，又能满足在信息化进程中生产数据不出场、关键数据倾向于本地化存储处理等特征。因此，在垂直行业的数字化、网联化、智能化融合下，5G 承载的千差万别的行业应用场景对 5G 网络更为智能化的安全能力提出了更高要求。

另一方面，5G 时代，人工智能、区块链、物联网等新一代信息通信技术加速迭代，推动应用服务加速向智能交互、交叉融合和群体突破的密集创新阶段迈进，对现有网络安全秩序规则也带来新的冲击。同时，信息通信技术的创新不断衍生出新业态，新应用模式中的伴生性网络安全威胁和传统安全威胁相互交织，新技术与网络攻击技术的不断融合催生出新型的融合性攻击手段，因此打破了技术发展和网络空间秩序之间的平衡。攻防对抗的持续升级将倒逼智能安全防御体系加速成型。

8.5.2　安全需求

从 5G 技术给应用场景、技术落地、安全模式带来的新变化来看，5G 安全防御智能化需求主要表现在以下 3 个方面。

1. 5G 拓展多元化应用场景，带来从"通用"向"按需"转变的防御智能化新需求

5G 加速数字经济与实体经济融合发展，不断推动传统行业数字化转型，随之而来的是网络安全威胁风险从数字世界向实体经济的逐渐渗透。在此过程中，网络安全的内涵和外延不断扩大，5G 网络安全保障需求从"通用安全"向"按需安全"拓展延伸。

例如，数字孪生、网络切片等技术加速"5G+垂直行业"应用落地，智慧城市、智慧能源、智能制造等领域融合基础设施组网架构的更新迭代周期各异、终端设备能力强弱不一、数据流量类型千差万别，投射出千人千面的网络安全保障需求。"5G+工业互联网"打破了传统工业控制系统的封闭格局，工业现场侧与互联网侧安全基准需实现按需对接。5G 数据中心加快了云化整合，使得计算基础设施中海量资源集聚的风险突出，与传统基础设施相比，攻击容忍度更低，重要生产要素资源面临"一失尽失"的安全威胁。

因此，5G 时代，网络安全的效能将不再由漏报率、误报率、抗 DDoS 攻击流量峰值等统一指标来简单衡量，而是需要构建智能、场景化的按需安全能力供给模式。

2. 5G 带动新技术融合应用，倒逼智能安全防御能力加速成型

5G 时代，人工智能、区块链等新一代信息通信技术加速落地应用。

一方面，新技术本身的安全缺陷和安全隐患不容忽视。近年来，人工智能等新技术开源平台、开发框架屡次被曝安全漏洞，导致在其之上开发的应用权限被控制、用户数据被窃取等事件频频发生。另一方面，新技术的融合应用较之传统技术而言，在计算能力、传输能力、存储能力等方面有了大幅跃升，也可能诱发更加高效、有针对性、难以发现和追溯的网络攻击，对既有网络安全防御规则形成了极大的挑战。

例如，泛在技术在 5G、物联网等通信网络基础设施中的融合应用驱动了大规模机器类型通信（mMTC）业务的不断成熟，构建了全连接的物物互联网络，而网络攻击威胁范围也随着泛在技术的发展而急剧扩张；区块链技术防篡改、分布式等技术特性为其上存储和传播的有害信息提供了天然的技术庇护；人工智能技术可通过对数据的再学习和再推理进行数据的深度挖掘分析，导致现行的数据匿名化等安全保护措施失效，个人隐私变得更易被挖掘和暴露。

随着 5G 带动各类新技术的加速融合应用，5G 安全也需提早形成"以技术对技术、以智能对智能"的安全能力。

3. 5G 加大安全边界泛化程度，催生"紧耦合"的一体化智能安全需求

随着 5G 网络的加速部署应用，传统基于物理界限、实体域划分的安全边界概念快速模糊、泛化。

5G 打造了"通信网络基础设施+网络切片+业务平台+垂直行业应用"的深度融合新业态，

运营商网络环境与垂直行业应用场景间的安全边界加速泛化。物联网依托智能感知、泛在接入等技术，实现人与人、人与物、物与物之间无障碍的信息获取、传递、存储、认知、决策与使用，带来了网络形态的持续快速变动，加大了网络安全边界变化延伸的不可预测性。虚拟化技术的全面应用推动新型基础设施的开放性和服务化进程，也使得传统基于实体隔离的安全边界划分方式不再适用。

因此，在 5G 时代，面临深度融合、快速变化的外部环境，先建设再定界、先定界再加固的传统安全防护模式将加剧网络安全攻防的不对称性。防御方若一味跟随式被动应对，将难以形成高效、敏捷的安全防线，因此需要进一步将网络安全工作前置，打造架构即安全的一体化智能安全体系。

8.5.3　现状

近年来，面临网络攻击对抗手段日趋精细复杂、新技术不断融合催生新型攻击手段的客观安全形势，网络安全结合大数据分析、人工智能等技术加速创新迭代，驱动现有网络安全技术服务不断向智能化发展。

例如，美国的 IBM、Microsoft、FireEye、Rapid7、Splunk、Palo Alto 等知名安全大厂纷纷布局安全自动化产品，大力推进 SOAR（安全编排自动化与响应）、UEBA（用户和实体行为分析）与场景深度融合的智能安全产品和平台。

美国的 CyberSponse、Resolve Systems、Siemplify 和意大利的 DFLabs 等安全专业厂商也聚焦安全智能编排产品，致力于研究安全决策的新"大脑"。通过人机结合对安全事件进行分析和分类、运用标准流程辅助定义、编排和驱动标准化事件响应的能力，实现对类型繁杂、联动性不强、零散割裂的网络安全防御和应对能力的有效整合，以降低实现不同技术产品耦合所需的人力和时间成本，形成高级别网络安全防护合力，对各类底层安全监测、威胁防御和应对等技术进行智能化编排，实现安全事件自动化防御与响应，并将自动化可编排安全技术解决方案整合并嵌入更广阔的应用领域。

从 2018 年起，我国安恒科技、亚信科技、盛华安等安全企业也开始陆续推出结合自动化可编排安全技术的安全平台和产品，大力推进相关智能安全理念的落地应用。

安全智能的另一个典型的应用方向是聚焦网络安全对抗性和动态性的本源特性，在攻防态势螺旋式上升发展的基本规律下，以智能技术赋能网络安全，实现提前感知威胁、预判攻击行为和构筑网络安全防御的时间优势。

从技术分支的成熟度上看，目前，美国、日本、以色列等国均已将智能安全作为谋求网络安全竞争博弈优势的战略性技术并加强布局，已形成了颇具竞争力的产品和技术平台。美国情报高级研究计划局（IARPA）联合多家安全企业、高校实验室等共同开发了代号为 CAUSE 的"网络攻击非常规自动化感知环境"系统，开展威胁情报分析、网络参与者的行为解读和网络事件预测。洛克希德·马丁公司提出了基于攻击链的网络攻击路径预测模型，该模型被美国国家标准与技术研究院（NIST）采纳为一种标准的网络攻击生命周期模型。洛斯·阿拉莫斯国家实验室开发了用于检测、反应和预测漏洞分析的预测性网络威胁建模技术，旨在为政府和关键基础设施系统预测潜在的攻击并提前做出防御准备。

在企业方面，Cylance、Agari、CrowdStrike 等安全企业都推出了相应的预测、识别和清除恶意软件、恶意邮件、未知漏洞等阻断网络攻击的产品，相关产品被 Facebook、Google、微软等巨头使用以构建智能防御防线。

以色列的本·古里安大学研究团队通过蜜罐网络收集历史攻击事件、攻击目标、攻击来源数据，并建模成社会网络图，以智能预测未来可能发生的僵尸网络攻击，并区分人为和自动化僵尸网络脚本。以色列工业网络安全公司 CyberX 推出工业控制系统攻击途径预测服务，帮助预测工业网络中出现的可能攻击途径并防止网络入侵。以色列安全公司 CyActive 针对利用恶意软件的攻击行为和恶意软件进化模式，提供相关攻击预测服务。

日本总务省下辖的情报通信研究机构在 2019 年 9 月启动智能网络攻击预测技术研究，与民间企业和研究机构深度合作，开发自动探测网络攻击预兆的技术，并对探测到的恶意程序攻击特征和影响级别进行快速评估，进而形成预警情报，相关情报将被提供给相关政府机构和企业。日本政府预计在 2022 年对该项技术进行实际验证并投入使用。

我国对智能网络攻击预测技术的发展仍处于早期阶段，安全企业大多聚焦于威胁情报、态势感知、网络安全大数据分析技术的研究和产品的研发，但具备更高自动化、智能化程度的攻击预测技术和产业体系尚未成型。

8.5.4　发展方向

从网络架构来看，尽管 5G 在总体上延续了 4G 的架构特性，并增加了安全认证与凭证管理、业务差异化保护等内生安全机制，但由于虚拟化、网络切片、移动边缘计算等新技术的引入，以及 5G 网络支持高速率、大规模接入、低时延信息交互等特性，增加了网络自身的脆弱性。5G 安全算法和协议等有效性及安全处理性能有待进一步测试和验证。

从基础设施和数据安全来看，5G 时代将实现真正的万物互联，达到 5G 网络与各垂直行业深度融合，届时网络设施将承载海量数据，网络设施基础性地位更加突出，更容易成为网络攻击对抗的目标，面临的外在风险进一步加大。因此，5G 在智能安全方面将向着更高的按需安全、智能和一体化安全防御能力方向发展。

1. 智能按需的安全防御理念加快落地

按需安全是网络安全技术体系从全面到专精的必然产物。

面向 5G 时代不同基础设施类型、不同业务应用性质、不同安全威胁表征等高度异构化的安全保障需求，按需安全的意义是构建网络安全决策中枢和调度中心。通过对安全需求进行有针对性的建模，将已有漏洞扫描、入侵检测、特征匹配等基础安全能力规范化封装，从而建立流程化、可编排、可调度的安全技术和能力体系，以实现对不同安全等级、不同事件类别、不同应用场景安全事件的自动化防御和响应，实现强针对性、高自动化的安全决策和部署。

5G 时代的智能按需安全不仅有助于实现对已有安全能力的有机整合，也将有效降低实现不同安全技术产品耦合所需的人力和时间成本，改善网络安全人力、缓解网络安全人才短缺的现状，在面对国家级、高级别网络安全威胁时有助于形成网络安全防护合力。

2. 智能安全防御能力加速成型

目前，我国智能安全防御体系的构建仍处于早期阶段，但现有威胁情报、态势感知、安全大数据分析等技术和产品的快速成熟，为智能安全防御能力的构建累积了良好的发展基础。

面对网络攻击对抗手段日趋精细和复杂、新技术不断融合催生新型攻击手段的客观安全形势，在 5G+网络安全中需进一步加强拟态安全、自适应安全、安全自动化等主动智能的防御理念和技术体系布局，深化网络安全与大数据、人工智能、区块链等前沿技术的融合创新，形成覆盖 5G+全场景的未知安全风险预先感知、行为预判、路径预测和提前阻断能力，在提前感知威胁、预判攻击行为、提升攻击发现和防御实效等方面构筑非对称战略优势。

3. 智能一体化安全防御体系雏形初现

5G 时代安全边界的逐渐泛化不断冲击边界即安全、隔离即安全的"松耦合式"安全防御体系。一方面，外挂式的安全防御和应用场景间交互性不高；另一方面，一旦攻击者突破外围安全防线便可长驱直入，造成一点突破、全盘皆失的影响。

当前，Google、Illumio 等大型互联网企业和安全厂商均已部署各自的"架构即安全"产品和相关平台，通过防范内部威胁与外部防御形成有机互补。

5G 智能安全也需同步构建可信的底层安全基础设施，以零信任安全、分布式信任管理体系等搭建一体化的安全架构，从而实现网络架构和安全架构相辅相成、内源安全能力和外防安全手段有机互补的一体化安全防御体系。

第 9 章　5G 安全标准化进展

9.1　5G 安全标准化概述

5G 安全标准化工作主要在 3GPP（第三代合作伙伴计划）、GSMA（全球移动通信系统协会）、ITU-T（国际电信联盟电信标准化部门）、ETSI（欧洲电信标准化协会）等国际组织中开展，目前研究内容主要包括 5G 安全技术和 5G 安全评估认证两大方面，如图 9-1 所示。

图 9-1　5G 安全标准化工作总体视图

3GPP 是制定 5G 安全标准化的实质性国际标准化组织，在制定 5G 网络架构标准的同时定义 5G 网络安全基础架构。在 R15 版本中已完成了 eMBB 场景的相关安全标准；R16 阶段基于 R15 安全基础架构，面向 mMTC 和 uRLLC 场景进行安全优化，包括切片安全、定位增强安全、固移融合、垂直行业 LAN（垂直行业本地接入网）安全机制。目前已全面启动 R17 研究工作，研究项目涵盖离散式 gNB 架构安全研究、专网安全增强研究、临近通信安全研究、边缘计算安全增强研究、多播广播安全研究、工业物联网安全研究以及无人机安全研究等；标准项目方面，开始制定 R16 中新增网络设备的安全保障标准。

ITU-T 也在开展 5G 安全技术研究，主要涵盖 5G 边缘计算安全、信任模型和量子算法等方向，各项目均处于研究阶段。其中，5G 边缘计算安全框架项目，主要研究 5G 边缘计算的典型部署模式和应用，分析边缘计算安全风险和威胁，研提边缘计算服务安全框架；5G 边缘计算网络层安全能力项目，主要从 5G 网络部署运营角度研究网络安全需求、安全机制等；5G 生态系统信任模型安全框架项目，主要研究 5G 生态系统中的信任关系及安全边界，制定 5G 生态系统的安全框架；5G 系统量子算法应用安全指引项目，主要研究 5G 系统应用量子算法的安全评估、5G 系统量子算法的使用安全指导原则等；5G 通信系统安全指导原则项目，主要研究 3GPP 网络架构和非 3GPP 网络架构下，结合边缘计算、网络虚拟化、网络切片等特点，5G 通信系统的安全威胁、安全能力等。

为了做好 5G 设备安全评估，GSMA 正在联合 3GPP 制定网络设备安全保障方案（NESAS）系列标准。其中 3GPP 主要负责 5G 设备安全保障系列标准，GSMA 主要负责网络设备安全保障体系管理方面的标准。除此之外，有些国家还会制定其个性化的安全审计和测评要求，例如英国 CSEC（网络安全评估中心）等。

ETSI 主要研究 NFV 安全相关内容，目前已发布了一系列 NFV 安全相关的标准，主要涵盖 NFV 存在的安全问题、NFV 相关开源管理软件安全使用建议，尤其是敏感数据的保护机制和建议等。此外，ETSI 还研究了 VNF 套件、NFV 系统的自动动态安全策略管理、安全功能全生命周期管理以及安全监测功能等的安全需求。

9.2　国际标准

9.2.1　3GPP 5G 安全系列标准

在安全架构方面，3GPP SA3（安全）工作组已于 2018 年 6 月发布了《5G 系统的安全架构和过程》（TS 33.501）标准。其中规定了 5G 系统安全架构相关要求，主要包括安全框架、接入安全、用户数据的机密性和完整性保护、移动性和会话管理安全、用户身份的隐私保护以及与 EPS（演进的分组系统）的互通等相关内容。

在 3GPP 5G 安全标准中，体现了 5G 网络的 6 大安全能力。

❑ 统一的安全架构，实现灵活并且高效地支持各种应用场景下的双向身份鉴权，进而建立统一的密钥体系。

❑ 开放的安全能力，为第三方提供开放的安全能力和接口。

□ 多层次的切片安全，多层次化切片都要具备安全能力，不同的切片要有不同的隔离和
   保护。

□ 多样的安全凭证管理，非对称认证方式的引入，减少大规模终端的一些认证压力。

□ 面向业务的安全保护，针对不同的业务开展加密等安全规则。

□ 更强的隐私保护，从认证框架来看 5G 将采用统一的认证框架和安全管理机制，一个
   架构支持多种接入技术和认证协议等。

另外，3GPP 制定了网络设备安全保障规范（SCAS），包括《通用安全保障要求目录》（TS
33.117）和 4G/5G 特定网元的安全评估标准等 11 个标准。3GPP SCAS 系列研究报告（TR）及
标准（TS）主要规定了设备安全机制、基线要求（数据和信息保护、可用性和完整性保护、
认证和授权、会话保护、日志等）、抗攻击能力、端口扫描、漏洞扫描等内容，如表 9-1 所示。

表 9-1　　　　　　　　　3GPP SCAS 系列研究报告（TR）及标准（TS）

文档编号	英文名称	中文名称
方法论研究与评估对象研究		
TR 33.805	*Study on security assurance methodology for 3GPP network products*	网络产品安全保障方法论研究
TR 33.916	*Security Assurance Methodology (SCAS) for 3GPP network products*	网络产品安全保障方法论
TR 33.926	*Security Assurance Specification (SCAS) threats and critical assets in 3GPP network product classes*	3GPP 网元产品安全保障规范威胁和重要资产
通用安全要求		
TS 33.117	*Catalogue of general security assurance requirements*	通用安全保障要求目录
4G 网络产品特定安全要求		
TS 33.116	*Security Assurance Specification (SCAS) for the MME network product class*	MME 移动性管理组件安全保障规范
TS 33.216	*Security Assurance Specification (SCAS) for the evolved Node B (eNB) network product class*	eNodeB 基站安全保障规范
TS 33.250	*Security assurance specification for the PGW network product*	PGW 公用数据网网关安全保障规范
5G 网络产品特定安全要求		
TS 33.511	*5G Security Assurance Specification; NR Node B (gNB) network product class*	5G 基站 gNB 安全保障规范
TS 33.512	*5G Security Assurance Specification; Access and Mobility management Function (AMF) network product class*	5G AMF 网元（接入鉴权和移动性管理控制功能）安全保障规范
TS 33.513	*5G Security Assurance Specification; User Plane Function (UPF) network product class*	5G UPF 网元（用户面功能，执行用户面数据转发等功能）安全保障规范
TS 33.514	*5G Security Assurance Specification for the Unified Data Management (UDM) network product class*	5G UDM 网元（统一数据库，存放用户的签约数据等）安全保障规范

续表

文档编号	英文名称	中文名称
TS 33.515	*5G Security Assurance Specification; Session Management Function (SMF) network product class*	5G SMF 网元（会话管理网络功能）安全保障规范
TS 33.516	*5G Security Assurance Specification; Authentication Server Function (AUSF) network product class*	5G AUSF 网元（鉴权网络功能）安全保障规范
TS 33.517	*5G Security Assurance Specification for the Security Edge Protection Proxy (SEPP) network product class*	5G SEPP 网元（安全代理，漫游场景下链接 HPLMN 和 VPLMN）安全保障规范
TS 33.518	*5G Security Assurance Specification for the Network Repository Function (NRF) network product class*	5G NRF 网元（服务注册、发现、授权等功能）安全保障规范
TS 33.519	*5G Security Assurance Specification for the Network Exposure Function (NEF) network product class*	NEF 网元（对外开放网络能力和服务）安全保障规范
虚拟化网元安全要求研究		
TR 33.818	*Security Assurance Methodology (SECAM) and Security Assurance Specification (SCAS) for 3GPP virtualized network products*	虚拟化网络产品安全保障方法论和安全保障规范

网络安全监管方面，3GPP 主要研究合法监听相关内容。3GPP SA3 LI（合法监听）工作组研究制定了 5G 合法监听的需求、架构以及接口协议（TS 33.126、TS 33.127、TS 33.128）3 项标准，该系列标准重点规定了提供合法监听能力的 5G 网络功能、5G 网元动态部署下的监听数据上报方式、5G 漫游场景的监听架构、控制面/用户面分离的数据关联方式等内容。

在垂直行业应用方面，3GPP 还专门针对低时延高可靠场景、V2X、蜂窝物联网、低吞吐量机器类通信开展了标准化研究，分别是 TR 33.825、TS 33.536、TR 33.861、TR 33.868。此类标准为 5G 网络在垂直行业的应用提供更细致的安全规范。

9.3　国内标准

9.3.1　5G 移动通信网安全技术要求

《5G 移动通信网安全技术要求》作为我国第一个 5G 安全行业标准，于 2019 年 12 月 24 日正式发布并实施。该标准的主要内容与国际标准 3GPP TS 33.501 保持一致，由中国通信标准化协会（CCSA）无线通信技术工作委员会（TC5）无线安全与加密工作组（WG5）研究制定。根据 5G 网络架构和安全第一阶段的规划，5G 网络安全第一阶段重点解决 eMBB 场景下的安全问题。该标准的制定为 eMBB 的部署提供了安全保障。

《5G 移动通信网安全技术要求》同时适用于独立组网与非独立组网的 5G 移动通信网络。该标准规定了 5G 移动通信网的安全技术要求，主要包括 5G 网络的安全架构、安全需求、安全功能要求、相关安全流程等，具体内容如下。

1. 安全架构概述

该标准规定了 5G 网络安全架构，划分了 6 个安全域。5G 网络安全架构的设计原则为支持数据安全保护，体现统一认证框架和业务认证，满足能力开放，以及支持切片安全和应用安全保护机制。在 5G 网络安全架构中，划分了网络接入域安全、网络域安全、用户域安全、应用域安全、SBA 信令域安全、安全的可视化和可配置性等 6 个安全域，其中 SBA 的信令域安全是在 4G 网络基础上扩展增加的安全域。

其中，网络接入域安全使得 UE 能够安全地通过网络进行认证并接入服务，防止对无线接口的攻击；网络域安全保证信令数据和用户面数据能够安全交换；用户域安全对用户接入移动设备进行安全保护；应用域安全保证应用能够安全地交换信息；SBA 信令域安全保证 SBA 的网络功能能够在服务网络内以及与其他网络进行安全通信；安全的可视性和可配置性使用户能够获知安全功能是否在运行。

2. 安全需求与功能要求

该标准规定了 5G 网络的安全需求与功能要求。5G 网络应具有消减降级攻击、认证与授权、5GC 与 5G-RAN 密钥等通用安全要求。与此同时，该标准针对 5G 系统中的 UE、gNB、ng-eNB、AMF、SEAF、UDM、核心网、安全可视性与可配置性、算法与算法选择等提出了详细的安全需求与功能要求。安全需求围绕用户数据与信令数据的机密性、完整性保护展开，并分别从 gNB 设置与配置、密钥管理、安全环境、保护属性等方面描述具体的安全要求，实现对 5G 网络的安全需求与功能描述。

3. 安全流程

该标准规定了 5G 网络相关的安全流程，主要内容如下。

- ❑ UE 与 5G 网络功能实体间的安全过程，包括主认证与密钥协商、密钥推衍与分发机制、安全上下文、安全算法协商、双连接安全等。
- ❑ 非 3GPP 接入 5G 核心网的安全过程，包括当 UE 通过不可信的非 3GPP 接入网络访问 5G 网络时，如何对 UE 进行认证。

- 互操作安全描述了 UE 在单注册或双注册模式下的切换及移动性注册安全流程。
- 非基于服务架构下的接口安全规定了 N2、N3、Xn、使用 GTP 或者 DIAMETER 协议、gNB 内部和 5G 核心网内部非基于服务接口上的安全机制。
- IMS 紧急呼叫安全描述了 IMS 紧急会话处理的安全流程与适用性。
- UE 通过 5G 网络与外部数据网络（DN）之间交互的安全过程，定义了 UE 与 DN 之间可选用的次认证过程。
- 网络开放功能（NEF）实体的安全保护。明确了 5G 系统中的网络功能应可通过 NEF 安全地向第三方应用程序功能开放功能和事件，NEF 还应为通过认证和授权检验的应用功能实体向 3GPP 网络安全地提供信息。
- 基于服务的接口安全，描述了网络层、传输层及应用层的安全保护及相关认证与授权。
- 安全服务分别描述了 AUSF、UDM、NRF 提供的安全服务。
- 网络切片管理安全描述了可以保护管理服务的双向认证和授权措施。
- 非独立组网的双连接安全描述了 option3x 场景下 NSA 的接口保护等要求。

《5G 移动通信网安全技术要求》明确了 5G 网络安全中对加密本身的安全特性设计，给我国 5G 网络安全部署提供了可参考的实施规范，为构建 5G 网络安全体系奠定了坚实基础。

9.3.2　5G 移动通信网络设备安全保障系列标准

5G 安全机制除了要满足网络与通信的安全需求，还应考虑设备本身的安全性。5G 网络设备也需要有相应的标准来统一其安全管理、安全配置、安全加固等安全能力。针对 5G 移动通信网设备安全，CCSA TC5 WG5 组织制定了 5G 移动通信网络设备安全保障系列标准。该系列标准参考 3GPP SCAS 系列标准编写，由《移动通信网络设备安全保障通用要求》《5G 移动通信网络设备安全保障要求　基站设备》和《5G 移动通信网络设备安全保障要求　核心网网络功能》3 个标准组成。

《移动通信网络设备安全保障通用要求》规定了移动通信网络中网络设备的通用安全保障要求，用于应对相关的安全威胁和安全目标，保证网络设备的机密性、完整性和可用性。该标准涵盖了安全功能性需求及测试用例、加固的安全需求和测试用例、基本脆弱性测试需求及测试用例，不依赖特定的网络分类。

其中安全功能性需求和测试用例包括技术基线、操作系统、Web 服务器和网络设备 4 部分内容。技术基线是满足所有网络设备安全需求的通用集合，测试内容涵盖数据和信息保护、可用性和完整性保护、认证和授权、会话保护、日志等方面。操作系统包括通用操作系统需求和测试用例及 UNIX 操作系统特定需求和测试用例。Web 服务器包括对 HTTPS、日志、HTTP 用户会话、HTTP 输入校验的测试用例。网络设备包括数据和信息保护、可用性和完整性保护的测试。

加固的安全需求和测试用例也包括技术基线、操作系统、Web 服务器和网络设备 4 部分内容，主要是确保减少网络产品脆弱性的暴露面，尤其是确保所有网络产品缺省配置（包括操作系统软件、固件和应用）的合理性。基本脆弱性测试是针对网络产品的外部接口进行端口扫描、脆弱性扫描和鲁棒性与模糊测试。

该标准中的测试用例适用于网络环境或仿真环境中采用软件和硬件实现特定功能的网络设备。在测试过程中，设备所有可选的功能都应开启，除非其在设备厂商的文档中明确标记为"不推荐"。而测试工具推荐使用商用部件法（COTS）和免费开源软件（FOSS），以便于其他测试者重现测试结果。

《5G 移动通信网络设备安全保障要求 基站设备》规定了 gNB 安全保障技术要求，内容涵盖 5G 基站设备特定的安全功能性需求和测试用例（5G 规范中定义的安全功能、数据保护等安全基线，操作系统安全，Web 服务安全和设备安全等）、基站设备特定的安全加固需求及测试用例（安全加固基线、操作系统加固、Web 服务加固以及设备安全加固）和基本漏洞测试需求及相关测试用例。5G 移动通信网络基站（gNB）设备的特定安全需求包括基站设备特定的安全功能性需求和应对基站设备特定安全威胁的安全需求，基站设备特定的安全加固需求及测试用例与基本漏洞测试需求及相关测试用例和通用需求及用例保持一致。

《5G 移动通信网络设备安全保障要求 核心网网络功能》规定了 5G 移动通信网络中核心网网络功能的安全保障目标、安全需求及相关测试用例，内容包括 5G 核心网网络功能通用安全需求及测试用例以及 5G 核心网网络功能特定安全需求和测试用例。其中，5G 核心网网络功能通用安全需求及测试用例涵盖安全功能性需求和测试用例、加固的安全需求和测试用例、基本脆弱性测试需求。5G 核心网网络功能特定安全需求和测试用例涵盖接入和移动性管理功能（AMF）特定安全需求和测试用例、会话管理功能（SMF）特定安全需求和测试用例、用户面功能（UPF）特定安全需求和测试用例、统一数据管理（UDM）特定安全需求和测试用例、认证服务器功能（AUSF）特定安全需求和测试用例、安全边界保护代理（SEPP）特定安全需求和测试用例、网络存储库功能（NRF）特定安全需求和测试用例以及网络开放功能（NEF）特定安全需求和测试用例。

每个针对 5G 核心网网络功能提出的特定安全需求都包括其特定的安全功能性需求和应对

其特定安全威胁的安全需求。

综上所述，5G 移动通信网络设备安全保障系列标准规定了 5G 网络设备的安全需求和测试用例，明确了设备安全评估与安全测试的标准流程和具体要求，为 5G 网络设备安全保障给出了标准化解决方案，为设备的入网检测与运营安全保障提供了指导性建议。

9.3.3　5G 安全管理系列标准

从技术上看，5G 网络引入了网络功能虚拟化、网络切片、边缘计算等新技术，也呈现出网络能力可高度开放、垂直行业可深度融合等一些全新业务特征。这些新的技术和业务特征将为 5G 安全管理工作带来不同程度上的新挑战，包括如何对密集涌现的 5G 新业务开展适当的安全评估、如何建设适应 5G 安全需求的安全保障技术手段、如何及时处置 5G 网络和业务相关安全事件等。

因此，为了规范指导运营商、设备商、安全企业等安全建设 5G 网络和系统、安全开展 5G 相关业务，中国通信标准化协会研究提出了 5G 网络安全管理标准体系框架，旨在有效指导和推进 5G 网络业务场景下网络安全保障、业务安全评估、网络环境治理、违法有害信息处置、技术手段建设和使用管理、安全事件处置以及特殊通信管理等相关方面的工作开展，保护多种场景下的通信安全和网络架构安全，保障 5G 网络和业务安全发展。

5G 网络安全管理标准框架的构建以标准对象、标准范畴、标准内容等不同维度的标准属性为出发点，覆盖 5G 网络各类设备、系统、平台的建设、测试、部署、使用和管理等过程。

❑　标准对象：覆盖 5G 网络安全监管标准的研究对象，这一维度的划分遵循通信网络体系架构的一般层次划分方式，并结合 5G 网络、终端、应用三大关键要素与行业安全监管工作具体情况，将相关标准按对象细分为业务应用安全标准、系统安全标准、网络安全标准和设备/终端安全标准。

❑　标准范畴：主要从行业主管部门对网络安全监管工作的实际出发，按照专业条块领域，将 5G 网络安全监管相关标准分为网络安全标准（涉及网络安全防护标准、基线配置标准等）、信息安全标准（如违法有害信息处置相关标准）、数据安全标准（如业务用户数据保护相关标准）等。

❑　标准内容：结合网络安全管理和技术的分类方法，从安全监管标准性质、用途等方面，将 5G 网络安全监管相关标准分为基础标准、技术标准、评测标准、管理标准和服务标准。

5G 网络安全管理标准框架包括以下五大类。

❑　总体基础类标准：5G 网络安全监管标准化体系中所涉及的总体、通用、公共、基础性的标准和规范，可涉及包括安全管理和指南、安全服务与能力、安全技术体制、安全架构、关键技术及实现、安全基础设施和专用术语定义等。

❑　设备终端类标准：主要是各类通用网络设备、专用设备/终端（含软件、硬件）支持或实现有关安全监管功能、性能、接口的技术标准、测试规范等。具体设备/终端类型可涉及 5G 网络中各类网络设备、专用安全设备，以及通过各种方式接入 5G 网络的各类固定式无线终端、移动终端、轻量化终端、传感器等用户设备。

❑　网络系统类标准：指 5G 网络安全监管相关网络特性（如切片安全、NFV 安全、SDN 安全、边缘计算安全等）、重要网元和支撑平台（如网络运行、流量管理等）、专用安全监管系统（如态势分析、入侵检测等）的技术要求、检测要求等标准。

❑　业务应用类标准：指基于 5G 网络提供的各类具有通信属性的业务、应用相关的安全评估、业务监测、数据保护、日志留存、应急处置等方面的安全标准，包括 5G 典型的语音业务、数据业务（如移动互联网应用、可穿戴设备应用、VR/AR 应用等）相关场景下的安全标准要求。

❑　垂直领域类标准：主要是指基于 5G 网络能力开放特性，在与垂直行业深度融合的特定应用场景下，面向工业、交通、医疗、能源等特定业务应用领域的安全监管标准，包括如工业互联网、车联网、物联网等的 mMTC 与 uRLLC 应用。

结合 5G 网络安全管理标准化工作框架体系，围绕 5G 终端、网络、业务三大要素，5G 安全管理系列标准重点研究方向包括以下 3 个方面。

❑　5G 终端/设备方面：包括 5G 终端设备数据安全保护要求、5G 专用设备安全检测要求、5G 核心网设备安全测评。其中，5G 终端设备数据安全保护要求主要指针对能力差异化终端的认证要求，数据采集、存储和数据安全要求。5G 专用设备安全检测要求包括 5G 设备安全技术要求与 5G 设备安全保障技术要求。5G 核心网设备安全测评主要指检测设备的安全机制和安全保障能力。安全机制包括安全功能和流程、网络切片安全、边缘计算安全等；安全保障能力包括基线要求、操作系统、Web 服务器、设备的抗攻击能力、端口扫描、漏洞扫描等。

❑　5G 网络安全方面：包括 5G 网络重要网元安全技术与检测要求、5G 网络日志留存要求、5G 网络数据安全要求等标准、规范。其中，5G 网络重要网元安全技术与检测要求标准主要指 5G 核心网专用设备安全检测要求、5G 承载网专用设备安全检测要求等标准。5G 网络日志留存要求主要指 5G 网络独立组网、非独立组网日志留存技术要求与检测要求等标准。5G 网络数据安全要求主要指 5G 网络数据实体认证、数据加密、完整性保护等安全要求以及 5G 网络能力开放、数据共享应用等标准。

❑ 5G 业务（含垂直领域）方面：包括网络能力开放与不同类型网络切片服务安全规范、新技术新业务安全评估、5G 行业应用个人信息保护要求、eMBB/uRLLC/mMTC 应用场景的业务安全能力要求等。其中，新技术、新业务安全评估包括安全评估总体要求、安全评估指南与业务评估等标准要求。5G 行业应用个人信息保护要求包括扩展数据源验证要求，防止数据源攻击带来的分析偏差，同时加强对用户信息采集和使用的管理，以及 5G 环境下车联网、物联网、工业互联网、人工智能、区块链等行业领域信息安全、特殊通信以及数据安全标准的制定。

第10章 5G时代安全产业发展及国际关注焦点

 ## 10.1 国际网络安全关注焦点

在过去的几年中，全球各主要国家纷纷加快推进5G的商用步伐，将5G作为优先发展的战略性领域。

从安全的角度看，一方面，5G在4G架构的基础上新增了安全认证与凭证管理、业务差异化安全保护等内生安全机制；另一方面，5G融合了虚拟化、网络切片、移动边缘计算等新技术，带来了一些新的脆弱性，且5G安全算法和协议本身的有效性及安全处理性能也仍待验证。

此外，从未来5G网络在社会中将起到的重要的通信承载作用上看，5G网络将与各垂直行业深度融合。5G网络在新型数字基础设施中的地位将更加突出，也使得5G基础设施更容易成为网络攻击对抗的目标。因此，国际社会对于5G安全的关注度持续上升，主要聚焦于5G网络架构安全机制、5G网络安全风险评估、5G供应链安全等方面，并开展了相关研究和实践。

10.1.1 5G网络架构安全机制

目前，在国际上，5G网络架构安全相关技术和机制的研究主要是在ITU和3GPP框架下进行的。由于引入了新的网络架构和关键技术，与4G网络相比，5G网络将更具开放性，业务差异化特征更明显，其安全机制也需要考虑差异化的安全提供方式，同时满足新的网络架构以及多种异构网络接入的安全需求。

因此，当前的 5G 网络安全标准主要聚焦于研究创新的技术，以满足 5G 新增的网络安全需求，在充分保障通信安全性、保护用户隐私和提供开放化可定制的安全能力之间寻求合理的平衡，包括针对 5G 增强型移动宽带、超高可靠低时延通信、海量连接低功耗等差异化业务场景，制定合适的加密、完整性保护算法等安全机制。3GPP 等国际标准组织在积极推动 5G 安全统一认证架构、按需定制的安全保护、SBA 的安全以及 256 位密钥长度密码算法等技术的相关标准化工作。

为同步推进 5G 安全研究及相关标准制定工作，2018 年 6 月，3GPP SA3 发布了《5G 系统的安全架构和过程》（TS 33.501 version 15.5.0 Release 15）标准，并于 2020 年 3 月完成了第二阶段（Release 16）5G 安全标准的研制，重点推进 uRLLC 安全、切片安全、eSBA（增强型服务化架构）安全、位置业务安全增强、网络设备安全保障等内容。

TS 33.501 R15 标准规定了 5G 安全框架、接入安全、用户数据的机密性和完整性保护、移动性和会话管理安全、用户身份的隐私保护以及与演进的分组系统（Evolved Packet System，EPS）的互通等 5G 系统安全架构和流程相关要求，并明确了 5G 网络安全采用 EAP 框架实现统一认证，支持用户在接入网间无缝切换，通过增强的安全机制进行用户隐私保护（如身份标识等）以及支持按需定制的用户数据保护方法等。

除 5G 网络架构本身的安全机制、安全框架和安全流程标准外，在 5G 网络合法监听方面，3GPP SA3 LI（Lawful Interception，合法监听）工作组研究制定了 5G 合法监听的需求、架构以及接口协议 3 项标准，重点规定了提供合法监听能力的 5G 网络功能、5G 网元动态部署下的监听数据上报方式、5G 漫游场景的监听架构、控制面/用户面分离的数据关联方式等。

此外，针对 SDN/NFV 等新技术可能给 5G 网络安全带来的新挑战。ETSI NFV 安全组开展了涉及 NFV 安全架构、隐私保护、合法监听、管理和编排（Management and Orchestration，MANO）安全、证书管理、安全管理、安全部署等方面的研究和标准研制工作。ISO（国际标准化组织）、ONF（开放网络基金会）以及 ITU-T（国际电信联盟电信标准化部门）的研究内容也涉及 SDN 安全的标准化工作。

10.1.2　5G 网络安全风险评估

各国在积极开展 5G 网络技术研究和应用部署的同时，也对 5G 网络新技术、新应用可能带来的网络安全新风险给予了广泛关注。针对 5G 网络架构的安全风险，工业互联网、车联网、无人机等垂直行业开展了一系列应用侧安全风险的研究工作，以识别 5G 网络安全威胁、评估并应对 5G 网络安全风险。

2019 年 10 月，在欧盟委员会和 ENISA 的支持下，欧盟发布了《5G 网络安全风险评估报告》。该报告根据欧盟各成员国自 2019 年 3 月起持续开展的 5G 网络安全风险评估结果，指出虽然 5G 技术的安全性与前几代移动网络相比有一定的提高，但 5G 网络架构的新特性，以及所支持的广泛服务和应用仍将带来一些重要的挑战，这些挑战可能在未来的 5G 网络中广泛存在。

报告对 5G 网络可能涉及的主要威胁、敏感资产、安全漏洞和战略风险等方面进行了全方位的识别。报告指出，由于 5G 网络软件化的程度越来越高，一些软件相关的重大安全问题将越来越重要，例如供应商内部不规范的软件开发流程可能导致其开发的软件产品中存在难以发现的安全漏洞或后门。

此外，5G 网络架构的新特性和新功能也会使得基站、网络的关键技术管理功能等网络设备或功能变得更加敏感。报告认为，5G 网络面临的新旧挑战将共同产生一个新的安全范式，有必要对涉及 5G 网络安全的生态系统、安全政策和安全框架等进行重新评估，以更好地指导、识别和应对 5G 网络安全风险。

2019 年 12 月，ENISA 进一步发布了《5G 网络威胁图谱》，综合性地描述了安全控制、API、云、虚拟化等 24 类 5G 网络涉及的资产，分析了各类资产与 5G 网络安全的机密性、完整性、可用性之间的关系，对影响 5G 网络的威胁进行了评估，并定义了 10 个高级风险场景。

此外，全球标准化组织也开展了一系列针对 5G 网络中涉及的具体技术的安全风险评估和研究等相关工作。例如，3GPP 对网络切片的安全隔离、切片安全能力共享、数据传输安全、切片安全认证等安全问题开展了研究；ETSI 成立了专门的 NFV 安全工作组和 MEC 安全工作组，对 NFV、MEC 面临的安全风险和解决方案进行了研究，并发布了相关的研究报告和标准。

2019 年底到 2020 年初，美国政府密集发布《促进美国在 5G 领域的国际领导地位法案》《保障 5G 安全及其他法案》《5G 安全国家战略》等政策文件，布局构建 5G 基础设施全方位网络安全评估体系，强调 5G 风险识别和应对。

《5G 安全国家战略》强调，要明确 5G 基础设施评估规划，全面涵盖 5G 基础设施建设环节，将 5G 基础设施建设相关技术、设备、软件、系统、虚拟网络等组成部分全面纳入网络安全评估范畴，采取联合相关机构、企业适当参与的方式，定期对 5G 基础设施安全威胁、潜在漏洞、平台应用等开展网络安全评估。

此外，美国政府计划以政企合作的方式，从网络安全、供应链安全等方面制定 5G 基础设施安全准则，并要求与《布拉格提案》等美国认可的其他 5G 安全准则保持一致，为实施 5G

基础设施安全准则提供具有统一性与可操性的基线和指南。美国政府还计划在开展 5G 基础设施网络安全评估、识别网络安全威胁的同时，组织各相关方共同研制 5G 基础设施威胁防范和应对手段，并为 5G 基础设施网络安全评估提供参考，形成保障措施和安全评估相互补充、共同作用的 5G 基础设施网络安全防御模式。

10.1.3　5G 供应链安全

5G 供应链上下游由 5G 基站升级、5G 网络建设、5G 产品应用及 5G 终端应用场景等构成，其中涉及器件原材料、基站天线、网络设备、光纤光缆、软件供应商、服务商等各方主体。目前，在国际 5G 技术研究和应用发展布局中，5G 供应链安全风险和供应链安全管理问题已成为各国关注的焦点问题。在 5G 供应链的各环节，一方面，要防范恶意篡改、植入、替换软硬件和组件等安全威胁；另一方面，应对由于人为或自然原因造成的关键设备、核心组件、软件等供应链质量下降，导致 5G 供应链中断或终止的情况。

2019 年 4 月 3 日，美国国防部发布《5G 生态系统：对美国国防部的风险与机遇》报告，强调未来网络和系统对 5G 基础设施的依赖，提出 5G 环境将面临从子部件、网络级到服务级的供应链安全风险，过去美国国防部在通信设备方面依赖于专用的定制化设备和系统的特权在 5G 时代可能不复存在，在供应链各环节可能存在的安全漏洞或后门会将美国国防部系统和网络置于潜在的风险之中。

2019 年 5 月 2 日，来自欧盟、北约以及美国、德国、日本、澳大利亚等 32 个国家及 4 个全球移动网络组织的代表在布拉格举行了 5G 安全大会。与会各国代表共同发布了非约束性政策建议——《布拉格提案》，从政策、安全、技术、经济等方面对 5G 安全问题进行了阐述，并着重强调了 5G 供应链安全问题的重要性。《布拉格提案》中提到，5G 通信基础设施运营商的安全风险可能来自提供 ICT 设备的日益全球化的供应链的跨境复杂性，应设法防止有害设备的渗透、恶意代码的应用和恶意功能的使用，应考虑第三国对供应商的影响，例如治理模式，是否缺乏安全合作协议，该国是否是关于网络安全、打击网络犯罪或数据保护的多边性、国际性或双边性协议的缔约国等。

2019 年 7 月，英国议会情报与安全委员会发布了一项关于 5G 供应商的声明，提出不应将某些国家的公司从其 5G 推广计划中排除，因为将 5G 供应商备选数量减少到两个将严重影响竞争。该声明旨在提醒英国政府要充分考虑供应链的多样性以提高 5G 网络的安全系数。

2020 年 3 月，时任美国总统的特朗普签署《5G 安全和超越法案 2020》《5G 安全国家战略》，强调要与合作伙伴和盟友在供应链安全领域紧密合作，开展供应链安全风险识别和信息共享、供应商评定、供应链安全标准研制，并将出台激励措施和政策以确保其盟友对美 5G 供应链的保障支撑。

2020 年 3 月，特朗普签署配套法案《安全可信通信网络法案》，进一步从法律层面上限制来自对手国家的通信设备在美 5G 网络中使用。4 月 4 日，特朗普颁布行政令要求成立"美国通信服务业外国参与审查委员会"，加大对美国通信服务业外资安全审查力度。美国商务部提出修订外国直接产品规则，收紧美国法规对基于美国技术的全球产品的约束，管控范围从美国技术占比 25%降到 10%，将"域外管辖"一贯做法进一步延伸至 5G 供应链领域。

10.2 5G 时代安全产业现状

5G 技术作为构建万物互联的泛在连接社会、深刻改变人们生产和生活方式的关键网络技术，已成为各国在新一轮技术博弈中争相抢占的战略制高点。

目前，全球 5G 研发和产业化进程正加速推进，我国工信部已向 4 家运营商发放 5G 牌照，5G 网络部署和商用进程全面提速。一方面，5G 网络的快速投建为网络安全产品、服务和解决方案带来了巨大的市场空间，进一步推动网络安全产业结构升级和容量扩张；另一方面，5G 网络引入了网络功能虚拟化、边缘计算、网络功能开放等全新架构和技术，打破了传统电信网的封闭特点。网络中模糊的设备安全边界、开放的端口、集中的控制器和边缘部署节点等都在不断激发新的安全需求。

在 5G 网络建设和应用发展安全保障的强大需求推动下，安全企业、运营商、设备厂商等纷纷将 5G 安全作为发展布局的重要战略方向，大力推进 5G 安全技术研究和产品研发。其中，安全企业大多植根于现有优势领域，探索适应 5G 网络特性、业务特征的安全产品和服务升级。例如，Gelmato 公司在 2018 年 4 月基于 SafeNet 按需数据保护安全软件服务推出了针对 5G 网络的新一代云虚拟化网络攻击防护部署方案，通过保护和隔离 5G 网络切片中的虚拟函数和应用程序，实现从核心到多访问边缘的虚拟网络保护；Palo Alto Networks 公司在 2019 年初发布防火墙产品 K2，旨在保护 CIoT（蜂窝物联网）基础设施，支持对 RAN、漫游、SGi 和非 3GPP 的访问保护。

运营商方面则主要聚焦 5G 网络架构安全解决方案和业务场景安全方案。例如，韩国 SK 电讯已开始将 QRNG（量子随机数生成器）技术应用于 5G 网络的用户认证服务器中，并在首尔和大田之间的 5G 网络和 LTE 网络整合量子密钥分发技术，以增强数据传输安全性。中国移动于 2019 年 6 月发布"5G 和背包"产品，配套覆盖网络安全、接入安全业务安全、访问安全等在内的一体化安全解决方案。

　　设备厂商则致力于 0day、1day 等设备安全漏洞的发现和防范，开发安全的 5G 设备的同时，与运营商携手打造面向垂直行业的安全解决方案。例如，诺基亚贝尔与中国电信携手，构建基于 5G 网络和 5G 终端的端到端 AR 公共安全解决方案；爱立信与荷兰皇家电信 KPN 合作，共同探索基于 5G 技术的安全自动驾驶解决方案，为荷兰海尔蒙德汽车园区构建安全的互联协作式自动化交通系统。

　　总体看来，目前全球 5G 安全发展仍处于起步阶段，我国安恒信息、亚信安全、山石网科、卫士通、中国网安等相关企业积极储备 5G 网络安全保障和威胁应对手段，如表 10-1 所示。

表 10-1　　　　　　　　　　　　　我国企业 5G 安全领域主要探索

企业名称	创立时间	技术领域/特点
山石网科	2006 年	❑ 基于容器管理模块接口、感知容器业务行为等技术产品，构建容器形态的安全服务，应用于面向 5G 的边缘计算等基于容器的微服务环境 ❑ 虚拟化安全防护，基于多 CPU 的全分布式架构的"山石云·格"和基于 Inter NUMA 构架 240Gbit/s 下一代防火墙、160Gbit/s 入侵防御系统等相关技术储备，构建高性能分布式 VNF（虚拟化网络功能）安全设备
安博通	2007 年	投资 1 500 万元研究下一代网络安全防护项目，安全网关产品计划在 2021 年下半年实现 5G 网络安全防护能力
恒安嘉新	2008 年	募集资金 3.05 亿元用于投资面向 5G 的网络空间安全态势感知平台项目，研发边缘计算与云计算相结合的 5G 网络实时监测、威胁预警、智能研判等一体化网络空间安全态势感知能力
亚信安全	2015 年	❑ 针对 5G 核心网提出 5Guard 理念，利用包括 SDN 控制器安全防护、NFV 基础架构安全防护、边缘计算安全防护、云网安全运营管理/安全指挥中心以及安全服务形成一整套的 5G 安全风险预测与治理解决方案 ❑ 逐步升级固化的隔离方式、身份验证方法，针对 5G 的云网一体化趋势，构建通用的认证机制和可信的运营网络 ❑ 以 5G 安全攻防为视角，威胁情报为核心，面向业务场景构建精密编排的解决方案
中国移动	2000 年	无人机场景安全解决方案、MIoT（移动物联网）DDoS 攻击场景解决方案等场景化的 5G 安全解决方案
卫士通	1998 年	申报国家科技部重大专项《5G 安全总体架构研究与标准化》，开展 5G 安全业务及 5G 安全网络应用
微智信业	2003 年	5G 无线网络路测/拨测工具，5G DPI 分析工具，5G 无线网络性能规划、监控及分析工具

（数据来源：中国信息通信研究院根据公开资料整理）

　　此外，随着 5G MEC 平台在边缘侧的率先落地，云服务商纷纷推出内嵌安全防御能力的 MEC 产品和解决方案，主要实现身份认证、安全通信、加密存储、可信度量、硬件安全、应用安全、威胁检测、漏洞修复、云边协同安全、抗 DDoS、安全基线、安全配置和管理等内嵌安全能力，推动形成 MEC+安全一体化生态。

例如，Google 的物联网服务平台 Google Cloud 为用户提供安全连接和认证服务，可安全地连接到分布在各地的海量设备，并对基于证书和 TLS 加密的认证方式提供端到端安全保护。

Amazon 的 AWS IoT Greengrass 物联网云平台提供安全配置和管理、硬件安全集成和安全通信服务，其中安全配置和管理支持在边缘安全地存储、访问、轮换和管理各种机密信息，包括凭证、密钥、终端节点和配置，如可使用 AWS IoT Greengrass Secrets Manager 为私有 Docker 容器注册表配置凭证；硬件安全集成允许用户将设备私有密钥存储在硬件安全元素上；安全通信服务则可对本地和云通信的设备数据进行身份验证和加密。

Microsoft 的 Azure IoT Edge 边缘云内嵌身份验证、静态证明、运行时证明、软件证明、硬件信任根和扩展安全服务。与 Azure IoT Edge 设备交互的设备、模块和参与者都具有唯一的证书。通过最小权限、证书签名权限和 RBAC（基于角色的访问控制）进行安全授权。静态证明包括安全启动和安全固件升级。运行时证明则主要用于抵御运行时的安全威胁。软件证明基于完整性校验和签名验证的软件包进行更新。硬件信任根鼓励安全芯片硬件提供商提供不同类型的硬件信任根，防篡改硬件。扩展安全服务则包括 Azure IoT 中心的设备预配服务等第一方安全服务，针对不同垂直行业应用程序的托管安全服务等第三方服务以及新的安全硬件技术等。国内云服务商在边缘安全服务方面也开展了一系列布局，如表 10-2 所示。

表 10-2　　　　　　　　　　　　我国云服务商边缘安全服务情况

平台名称	云服务商	安全服务
Link IoT Edge	阿里云	❑ 安全基线制定：自动构建边缘系统的安全基线 ❑ 评估安全等级：根据系统多维度信息评估当前设备的安全等级 ❑ 安全风险识别：识别和阻断安全基线之外的异常行为，异常行为如下 　- 系统对象异常：系统中异常的应用加载执行或对象的未知改动，例如篡改可执行文件 　- 进程异常行为：应用中异常的执行行为，例如访问重要文件 　- 网络异常行为：设备异常的网络通信行为，例如对未知目标发送数据 　- 漏洞修复：修复存在的组件漏洞，防止威胁入侵
Edge Computing Machine	腾讯	❑ 安全组：支持通过配置安全组实现协议和端口维度的网络流量控制和管理 ❑ 云边协同安全：在网络、主机安全等领域，可以按需提供基础或专业的防护服务
IoT Edge Computing Platform	腾讯云	❑ 安全通信：支持设备通过证书双向认证的方式连接本地边缘计算节点，并且支持多种加密方式（TLS、TID 等）加密设备与本地节点、节点与云之间的数据
DuEdge	百度	整合了包括 WAF、抗 DDoS 在内的安全防护能力

（数据来源：中国信通院根据公开资料整理）

10.3　5G 时代安全发展展望

5G 网络引入网络功能虚拟化、边缘计算、网络功能开放等全新架构和技术，持续推动计算和通信的深度融合。5G 网络在向着虚拟化、开放化架构的演进过程中，网络中设备安全边界模糊、端口开放、控制器集中和边缘部署节点等特性不断激发新的安全需求。因此，5G 安全未来将成为构建 5G 生态的重要一环，对于保障互联网、大数据、人工智能与实体经济深度融合，推动网络空间的治理有重大的意义。

1. 展望 1：5G 安全标准加快凝聚全球统一共识

在 5G 网络建设的同时，各国都在积极与产业界、学术界等加强合作，围绕网络架构安全规范、身份认证机制、安全产品和服务规范等标准化、合规化问题，从国际标准、国家标准、行业标准、联盟标准等不同层面，提前布局 5G 安全标准的研究和制定。

各国也将加快凝聚 5G 安全全球标准化成果共识，在 ITU、3GPP 等 5G 国际标准框架下，聚焦网络功能虚拟化、网络切片等 5G 网络新引入或增强的关键技术，共同推进 5G 增强技术及安全机制后续国际标准研制，加快形成针对覆盖多种应用场景的 5G 安全解决方案，加强 5G 安全产品和服务体系建设，推动 5G 网络设备安全保障国际标准互认，在 5G 产品设计、研发、运维等全生命周期中严格遵循国际安全标准规范。

2. 展望 2：5G 安全能力建设和业务发展同步推进

在加快 5G 网络部署、深度推进 5G 与各领域融合应用的同时，将同步开展 5G 安全能力建设。

- ❑ 建设 5G 网络自身安全风险防范能力，积极推动 5G 网络基础设施安全保障手段建设，建立健全 5G 网络威胁信息共享联动机制，实现威胁信息共享、共治；加快构建 5G 网络威胁监测、全局感知、预警防护、联动处置一体化网络安全防御体系，形成覆盖全生命周期的网络安全防护能力。

- ❑ 加强 5G 应用安全风险动态评估，5G 在各类垂直行业中的融合应用将在网络规模部署后不断涌现，其特点与垂直领域高度相关，安全风险也呈现持续动态变化的特点，需结合 5G 垂直领域各自特点，开展行业应用安全风险评估，强化评估结果运用和转化，及时提出安全应对和处置措施，防范安全风险。

- 持续推进 5G 安全产业创新发展，推动资产识别、漏洞挖掘、入侵防御、数据保护、追踪溯源等网络安全产品的演进升级，持续构建完备、多元、可靠的 5G 安全产品供应和服务体系；加速 5G 安全技术创新成果转化和试点验证，加大在车联网、工业互联网等垂直领域的安全服务和解决方案的推广力度。

- 加强 5G 综合人才培养和培训，统筹推进 5G 跨学科专业人才培育，建立完善产教融合、校企合作的人才培养体系，加大人才培养支持力度，持续深化 5G 安全培训教育，丰富 5G 安全人才发掘机制，建立多层次安全从业人员的选拔渠道。

3. 展望 3：构建多元协同的 5G 安全生态

为全力保障全球 5G 产业持续健康发展，各国需联合 5G 产业链各方力量，共同打造 5G 网络安全生态，构建开放、合作、共赢的安全生态圈。一方面，加强产业链上下游合作以提振 5G 安全信心。全球移动通信产业链将加强协同和创新，积极搭建全球产业应用合作和创新平台，加大在关键元器件、核心算法等方面的全球创新研究合作，促进多元化应用在 5G 网络上示范合作和实践经验分享；另一方面，将形成更为多元化的全球采购策略，促进形成高效、合理的 5G 产业链全球配置和分工，推动相关国家和地区移动通信供应链条互联互通，逐步连通全球各区域上下游供应链的各类生产要素。

各国将在国际贸易规则和框架下采取更加积极的贸易政策，持续扩大市场开放和准入程度，为 5G 产业全球化发展营造公平、公正、透明的市场环境。网络运营商、设备供应商、行业服务提供商等主体将各司其职，不断完善 5G 网络安全防护、个人信息保护、关键信息基础设施保护、网络信息治理等相关法律法规和政策要求，确保加强各行业之间的协同，发挥行业组织作用，建立健全 5G 网络与垂直行业安全服务保障准则和信用体系，共同应对 5G 垂直领域融合应用安全问题。

4. 展望 4：持续加强 5G 安全国际合作共赢

各国在 5G 网络发展过程中既有共同利益，也有不同诉求。5G 安全发展需要各国在尊重彼此核心利益的前提下，秉持开放包容、平等互利、合作共赢的理念和原则，在 5G 安全国际标准制定、互信互认的评测认证体系建立、产业上下游合作等方面加强合作，共同应对 5G 安全风险。例如，各方应积极推动建立增强互信的双边或多边框架，积极在联合国等多边组织框架下探讨 5G 安全相关国际政策和规则；增进各方战略互信，进一步完善对话协商机制，加强 5G 网络威胁信息的共享，有效协调处置重大网络安全事件；探索最佳实践，共同分享应对 5G 安全风险的先进经验和做法。

附录 A　缩略语

英文缩写	英文全称	中文解释
3GPP	3rd Generation Partnership Project	第三代合作伙伴计划
5G-ACIA	5G Alliance for Connected Industries and Automation	5G 产业自动化联盟
5GC	5G Core Network	5G 核心网
5G-LAN	5G Local Area Network	5G 局域网
5GS	5G System	5G 系统
AF	Application Function	应用功能
AGV	Automated Guided Vehicle	自动导引车
AI	Artificial Intelligence	人工智能
AKA	Authentication and Key Agreement	鉴权和密钥协商
AKMA	Authentication and Key Agreement for Applications	应用鉴权和密钥协商
AMF	Access and Mobility Management Function	接入和移动性管理功能
AMPS	Advanced Mobile Phone System	先进移动电话系统
AN-NSSMF	Access Network Network Slice Subnet Management Function	接入网子切片管理功能
API	Application Programming Interface	应用编程接口
APN	Access Point Name	接入点名称
APP	Application	应用程序
AR	Augmented Reality	增强现实
ARP	Address Resolution Protocol	地址解析协议
ARPA	Advanced Research Projects Agency	高级研究计划署
ARPF	Authentication Credential Repository and Processing Function	认证凭证库和处理功能
AS	Access Stratum	接入层
AUSF	Authentication Server Function	认证服务器功能
BSS	Business Support System	业务支持系统
CA	Certification Authority	证书管理机构

英文缩写	英文全称	中文解释
CAN	Controller Area Network	控制器域网
CAS	Certificate Authorizing Scheme	证书授权机构
CAUSE	Cyber-Attack Automated Unconventional Sensor Environment	网络攻击非常规自动化感知环境
CC	Common Criteria for Information Technology Security Evaluation	信息技术安全评估通用准则
CCRA	Common Criteria Recognition Arrangement	通用准则互认协议
CCSA	China Communications Standards Association	中国通信标准化协会
CDMA	Code Division Multiple Access	码分多址
CGI	Common Gateway Interface	公共网关接口
CIoT	Cellular Internet of Things	蜂窝物联网
CMOS	Complementary Metal Oxide Semiconductor	互补金属氧化物半导体
CNAS	China National Accreditation Service for Conformity Assessment	中国合格评定国家认可委员会
CN-NSSMF	Core Network Network Slice Subnet Management Function	核心网网络子切片管理功能
CPE	Customer Premise Equipment	客户前置设备
CPU	Central Processing Unit	中央处理器
CQI	CQI-Channel Quality Indication	信道质量指示
CSMF	Communication Service Management Function	通信服务管理功能
DCI	Downlink Control Information	下行链路控制信息
DDoS	Distributed Denial of Service	分布式拒绝服务
DFI	Deep Flow Inspection	深度流检测
DN	Data Network	数据网络
DNS	Domain Name System	域名系统
DOS	Denial of Service	拒绝服务
DPI	Deep Packet Inspection	深度包检测
DRB	Data Radio Bearer	数据无线承载
EAP	Extensible Authentication Protocol	可扩展认证协议
ECU	Electronic Control Unit	电子控制单元
eMBB	enhanced Mobile Broadband	增强型移动宽带
ENISA	European Network and Information Security Agency	欧洲网络和信息安全局
EPC	Evolved Packet Core	演进的分组核心网
EPS	Evolved Packet System	演进的分组系统
eSBA	enhanced Service-based Architecture	增强的服务化架构
ETSI	European Telecommunications Standards Institute	欧洲电信标准化协会
FDD	Frequency Division Duplexing	频分双工
FDMA	Frequency Division Multiple Access	频分多址
FTP	File Transfer Protocol	文件传输协议

英文缩写	英文全称	中文解释
GBA	Generic Bootstrapping Architecture	通用自举架构
gNB	the next Generation Node B	5G 基站
GPRS	General Packet Radio Service	通用分组无线业务
GPU	Graphics Processing Unit	图形处理器
GSM	Global System for Mobile Communications	全球移动通信系统
GSMA	Global System for Mobile Communications Association	全球移动通信系统协会
GTI	Global TD-LTE Initiative	TD-LTE 全球发展倡议
GTP-C	GPRS Tunnelling Protocol Control	GPRS 隧道协议控制面
GTP-U	GPRS Tunnelling Protocol User	GPRS 隧道协议用户面
GUTI	Global Unique Temporary UE Identity	全球唯一临时 UE 标识
HSM	Hardware Security Module	硬件安全模块
HTTP	Hyper Text Transfer Protocol	超文本传输协议
HTTPS	Hyper Text Transfer Protocol Secure	超文本传输安全协议
IARPA	Intelligence Advanced Research Projects Activity	情报高级研究计划局
ICMP	Internet Control Message Protocol	互联网控制报文协议
IDS	Intrusion Detection System	入侵检测系统
IE	Information Element	信息元素
IMS	IP Multimedia Subsystem	IP 多媒体子系统
IMSI	International Mobile Subscriber Identity	国际移动用户识别码
IMT-2000	International Mobile Telecommunication-2000	国际移动通信-2000（第三代移动通信系统）
IPS	Intrusion Prevention System	入侵防御系统
IPSec	Internet Protocol Security	互联网协议安全
IPX	IP eXchange service	IP 交换服务
ISO	International Organization for Standardization	国际标准化组织
IT	Informatica Technology	信息技术
ITU	International Telecommunications Union	国际电信联盟
ITU-R	Radiocommunication Sector of ITU	国际电信联盟无线电通信部门
ITU-T	Telecommunication Standardization Sector of ITU	国际电信联盟电信标准化部门
JSON	JavaScript Object Notation	基于 JavaScript 的对象标记法
KPI	Key Performance Indicator	关键性能指标
LDPC	Low-Density Parity-Check	低密度奇偶校验
LI	Lawful Interception	合法监听
LPWAN	Low-Power Wide-Area Network	低功耗广域网络
LTE	Long Term Evolution	长期演进

英文缩写	英文全称	中文解释
MAC	Media Access Control	媒体访问控制
MANO	Management and Orchestration	管理和编排
ME	Mobile Equipment	移动设备
MEC	Mobile Edge Computing	移动边缘计算
MIMO	Multiple-Input Multiple-Output	多输入多输出
MME	Mobility Management Entity	移动性管理实体
mMTC	massive Machine Type of Communication	海量机器类型通信
MN	Master Node	主节点
MR-DC	Multi-Radio Dual Connectivity	多无线接入技术双连接
NAS	Non Access Stratum	非接入层
NCCoE	National Cybersecurity Center of Excellence	国家网络安全卓越中心
NDS	Network Domain Security	网络域安全
NEF	Network Exposure Function	网络开放功能
NESAS	Network Equipment Security Assurance Scheme	网络设备安全保障计划
NF	Network Function	网络功能
NFV	Network Function Virtualization	网络功能虚拟化
NFVI	NFV Infrastructure	网络功能虚拟化基础设施
ngKSI	Key Set Identifier in 5G	5G 密钥集标识符
NIST	National Institute of Standards and Technology	国家标准与技术研究院
NMT	Nordic Mobile Telephony	北欧移动电话
NPN	Non-Public Network	非公共网络
NR	New Radio	新一代无线
NRF	Network Repository Function	网络存储库功能
NSA	Non-Standalone	非独立组网
NSMF	Network Slice Management Function	网络切片管理功能
NSSAI	Network Slice Selection Assistance Information	网络切片选择辅助信息
NSSF	Network Slice Selection Function	网络切片选择功能
NSSMF	Network Slice Subnet Management Function	网络切片子网管理功能
OFDM	Orthogonal Frequency Division Multiplexing	正交频分多址
ONF	Open Networking Foundation	开放网络基金会
OSS	Operation Support Systems	运营支持系统
OT	Operation Technology	运营技术
OTT	Over The Top	上层互联网应用
PaaS	Platform as a Service	平台即服务
PCF	Policy Control Function	策略控制功能

英文缩写	英文全称	中文解释
P-CSCF	Proxy-Call Session Control Function	代理呼叫会话控制功能
PDCP	Packet Data Convergence Protocol	分组数据汇聚协议
PDN	Packet Data Network	分组数据网
PDU	Protocol Data Unit	协议数据单元
PFD	Packet Flow Description	分组流描述
PGW-C	PDN Gateway Control plane function	分组数据网网关控制面功能
PKI	Public Key Infrastructure	公钥基础设施
PLMN	Public Land Mobile Network	公共陆地移动网络
QoS	Quality of Service	服务质量
QRNG	Quantum Random Number Generator	量子随机数生成器
RAN	Radio Access Network	无线接入网
RAT	Radio Access Type	无线接入类型
RBAC	Role Based Access Control	基于角色的访问控制
RFID	Radio Frequency Identification	无线射频标识
RNAU	RAN Notification Area Updating	基于 RAN 的通知区域更新
RPF	Reverse Path Filter	反向路径过滤器
RRC	Radio Resource Control	无线资源控制
SA	Standalone	独立组网
SA3	Service and System Aspects Work Group 3	系统和业务方向安全工作组 3
SaaS	Software-as-a-Service	软件即服务
SBA	Service Based Architecture	基于服务的架构
SBI	Service Based Interface	基于服务的接口
SCAS	Security Assurance Specification	安全保障规范
SDAP	Service Data adaptation Protocol	业务数据适配协议
SDN	Software Defined Network	软件定义网络
SDU	Service Data Unit	服务数据单元
SEAF	Security Anchor Functionality	安全锚点功能
SEPP	Security Edge Protection Proxy	安全边界保护代理
SIDF	Subscription Identifier De-concealing Function	用户标识符去隐藏功能
SIM	Subscriber Identity Module	用户识别模块
SM	Session Management	会话管理
SMC	Safe Mode Command	安全模式命令
SMF	Session Management Function	会话管理功能
SMS	Short Message Service	短消息业务
SMSF	Short Message Service Function	短消息业务功能

续表

英文缩写	英文全称	中文解释
SN	Secondary Node	辅助节点
S-NSSAI	Single Network Slice Selection Assistance Information	单个网络切片选择辅助信息
SOAR	Security Orchestration, Automation and Response	安全编排自动化响应
SRB	Signaling Radio Bearer	信令无线承载
SSI	Server Side Include	服务端包含
SUCI	Subscription Concealed Identifier	用户隐藏标识
SUPI	Subscription Permanent Identifier	用户永久标识
TACS	Total Access Communication System	全接入通信系统
TAU	Tracking Area Update	追踪区域更新
TDD	Time Division Duplexing	时分双工
TDMA	Time Division Multiple Access	时分多址
TD-SCDMA	Time Division-Synchronous Code Division Multiple Access	时分同步码分多址
TEID	Tunnel Endpoint Identifier	隧道端点标识
TLS	Transport Layer Security	传输层安全
TN	Transport Network	传输网
TN-NSSMF	Transport Network Network Slice Subnet Management Function	传输网子切片管理功能
toB	to Business	面向企业用户
toC	to Customer	面向个人客户
TPM	Trusted Platform Module	可信平台模块
TRP	Transmission and Reception Point	发射及接收点
TSN	Time Sensitive Network	时间敏感型网络
UDM	Unified Data Management	统一数据管理
UDR	Unified Data Repository	统一数据存储器
UE	User Equipment	用户终端
UEBA	User and Entity Behavior Analytics	用户和实体行为分析
UL	Uplink	上行链路
UP	User Plane	用户面
UPF	User Plane Function	用户面功能
URL	Uniform Resource Locator	统一资源定位符
uRLLC	ultra-Reliable Low Latency Communications	超可靠低时延通信
URSP	UE Route Selection Policy	UE 路由选择策略
USIM	Universal Subscriber Identity Module	通用用户识别模块
Uu	Radio Interface between UTRAN and the User Equipment	UTRAN 与 UE 间空中接口
V2X	Vehicle-to-Everything	车联网
VLAN	Virtual Local Area	虚拟局域网

续表

英文缩写	英文全称	中文解释
VNF	Virtual Network Function	虚拟网络功能
VPN	Virtual Private Network	虚拟专用网络
VR	Virtual Reality	虚拟现实
VXLAN	Virtual Extensible Local Area Network	虚拟扩展局域网
WAF	Web Application Firewall	Web 应用防火墙
WCDMA	Wideband Code Division Multiple Access	宽带码分多址
WiFi	Wireless Fidelity	无线保真
WLAN	Wireless Local Area Network	无线局域网

附录 B 参考资料

[1] IMT-2020（5G）推进组.5G 无人机应用白皮书[R].（2018-09-28）

[2] 中兴通讯股份有限公司.5G 安全白皮书[R].（2019-05-30）

[3] 工业互联网产业联盟（AII），5G 应用产业方阵（5G AIA）.5G 与工业互联网融合应用发展白皮书[R].（2019-10-31）

[4] IMT-2020（5G）推进组.5G 智慧城市安全需求与架构白皮书[R].（2020-05-12）

[5] 中国信息通信研究院.车联网网络安全白皮书[R].（2017-09-21）

[6] 中国移动通信集团有限公司.车联网通信安全与基于 GBA 的证书配置白皮书[R].(2019-09)

[7] 中国信息通信研究院.新型智慧城市发展研究报告[R].（2019-10）

[8] 中国工业互联网产业联盟.中国工业互联网安全态势报告[R].（2019-08-06）

[9] 中国通信标准化协会.移动通信网络设备安全保障通用要求：2017-0319T-YD[S].

[10] 中国通信标准化协会.5G 移动通信网 安全技术要求：2018-2367T-YD[S].

[11] 中国通信标准化协会.5G 移动通信网络设备安全保障要求 基站设备：2020-0002T-YD[S].

[12] 中国通信标准化协会.5G 移动通信网络设备安全保障要求 核心网网络功能：2020-0001T-YD[S].

[13] Dr. Yongbin Wei.The role of 5G in Private networks for industrial IoT[R].

[14] System architecture for the 5G System (5GS)：3GPP TS 23.501[S].

[15] Catalogue of general security assurance requirements：3GPP TS 33.117[S].

[16] Security architecture and procedures for 5G System：3GPP TS 33.501[S].

[17] Security Assurance Specification (SCAS) for the next generation Node B (gNodeB) network product class：3GPP TS 33.511[S].

[18] 5G Security Assurance Specification (SCAS); Access and Mobility management Function (AMF)：3GPP TS 33.512[S].

[19] 5G Security Assurance Specification (SCAS); User Plane Function (UPF)：3GPP TS 33.513[S].

[20] 5G Security Assurance Specification (SCAS) for the Unified Data Management (UDM) network product class：3GPP TS 33.514[S].

[21] 5G Security Assurance Specification (SCAS) for the Session Management Function (SMF) network product class：3GPP TS 33.515 [S].

[22] 5G Security Assurance Specification (SCAS) for the Authentication Server Function (AUSF) network product class：3GPP TS 33.516[S].

[23] 5G Security Assurance Specification (SCAS) for the Security Edge Protection Proxy (SEPP) network product class：3GPP TS 33.517[S].

[24] 5G Security Assurance Specification (SCAS) for the Network Repository Function (NRF) network product class：3GPP TS 33.518 [S].

[25] 5G Security Assurance Specification (SCAS) for the Network Exposure Function (NEF) network product class：3GPP TS 33.519 [S].

[26] Security Assurance Methodology (SECAM) and Security Assurance Specification (SCAS) for 3GPP virtualized network products：3GPP TR 33.818[S].

[27] NR; NR and NG-RAN Overall Description：3GPP TS 38.300[S].

[28] NG-RAN; Architecture description：3GPP TS 38.401[S].

[29] 5G ACIA (Alliance for Connected Industries and Automation).5G Non-Public Networks for Industrial Scenarios White Paper[R].（2019-03）

[30] Ali Rezaki, Anja Jerichow.5G security challenges for verticals–a standard view[R]. (2019-06-20)